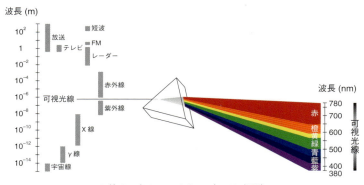

口絵1　光のスペクトル（p. 46 参照）

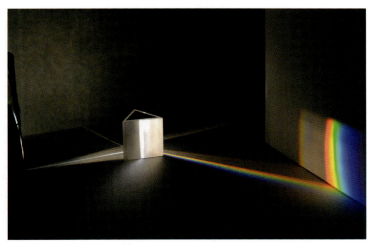

口絵2　光のスペクトル写真（p. 46 参照）

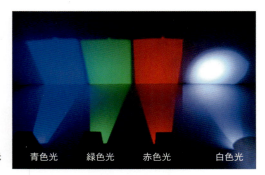

(1) 白色光下では，白色物体は白色光を反射して白色に，緑色の物体は緑色光を反射して緑色に見える．
(2) 緑色光下では，白色物体も緑色物体も緑色光を反射して緑色に見える．
(3) 青色光と赤色光下では，白色物体は青色光と赤色光を反射して青色と赤色に見える．
(4) 青色光と赤色光下では，緑色物体は青色光も赤色光も反射せずに吸収されて黒色に見える．

　口絵3　白色・緑色の物体の照明光の違いによる色の見え方（p. 47参照）

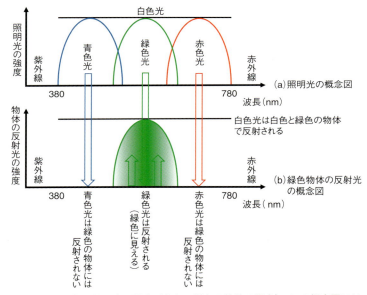

口絵4 物体の色の見え方の概念(白色・緑色の物体の場合).この概念図には示されていないが,白色光は青色と赤色の物体でも反射され,色として見える.(p.47参照)

口絵5 真珠の色(p.51参照)

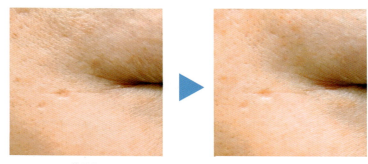

使用前 　　　　　　　　　　　　　　　4週間使用後

口絵6　42歳女性のクリーム使用前と4週間使用後の目尻（p.76参照）

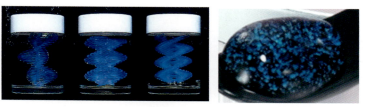

口絵7　コレステリック液晶を配合したジェル製剤（p.78参照）

口絵8　アルケニルコハク酸水溶液の発色現象（p.79参照）
（出典：佐藤直紀・辻井薫：『油化学』，**41**, pp.107-116（1992））

化学の要点
シリーズ
32

コスメティクスの化学

日本化学会［編］
岡本暉公彦［編著］
前山　薫

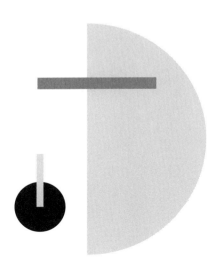

共立出版

『化学の要点シリーズ』編集委員会

編集委員長	井上晴夫	首都大学東京 特別先導教授
		東京都立大学名誉教授
編集委員 (50音順)	池田富樹	中央大学 研究開発機構　教授
		中国科学院理化技術研究所　教授
	伊藤　攻	東北大学名誉教授
	岩澤康裕	電気通信大学 燃料電池イノベーション
		研究センター長・特任教授
		東京大学名誉教授
	上村大輔	神奈川大学特別招聘教授
		名古屋大学名誉教授
	佐々木政子	東海大学名誉教授
	髙木克彦	有機系太陽電池技術研究組合（RATO）理事
		名古屋大学名誉教授
	西原　寛	東京大学理学系研究科　教授

本書担当編集委員	佐々木政子	東海大学名誉教授

『化学の要点シリーズ』
発刊に際して

　現在，我が国の大学教育は大きな節目を迎えている．近年の少子化傾向，大学進学率の上昇と連動して，各大学で学生の学力スペクトルが以前に比較して，大きく拡大していることが実感されている．これまでの「化学を専門とする学部学生」を対象にした大学教育の実態も大きく変貌しつつある．自主的な勉学を前提とし「背中を見せる」教育のみに依拠する時代は終焉しつつある．一方で，インターネット等の情報検索手段の普及により，比較的安易に学修すべき内容の一部を入手することが可能でありながらも，その実態は断片的，表層的な理解にとどまってしまい，本人の資質を十分に開花させるきっかけにはなりにくい事例が多くみられる．このような状況で，「適切な教科書」，適切な内容と適切な分量の「読み通せる教科書」が実は渇望されている．学修の志を立て，学問体系のひとつひとつを反芻しながら咀嚼し学術の基礎体力を形成する過程で，教科書の果たす役割はきわめて大きい．

　例えば，それまでは部分的に理解が困難であった概念なども適切な教科書に出会うことによって，目から鱗が落ちるがごとく，急速に全体像を把握することが可能になることが多い．化学教科の中にあるそのような，多くの「要点」を発見，理解することを目的とするのが，本シリーズである．大学教育の現状を踏まえて，「化学を将来専門とする学部学生」を対象に学部教育と大学院教育の連結を踏まえ，徹底的な基礎概念の修得を目指した新しい『化学の要点シリーズ』を刊行する．なお，ここで言う「要点」とは，化学の中で最も重要な概念を指すというよりも，上述のような学修する際の「要点」を意味している．

本シリーズの特徴を下記に示す．

1) 科目ごとに，修得のポイントとなる重要な項目・概念などをわかりやすく記述する．
2)「要点」を網羅するのではなく，理解に焦点を当てた記述をする．
3)「内容は高く」，「表現はできるだけやさしく」をモットーとする．
4) 高校で必ずしも数式の取り扱いが得意ではなかった学生にも，基本概念の修得が可能となるよう，数式をできるだけ使用せずに解説する．
5) 理解を補う「専門用語，具体例，関連する最先端の研究事例」などをコラムで解説し，第一線の研究者群が執筆にあたる．
6) 視覚的に理解しやすい図，イラストなどをなるべく多く挿入する．

本シリーズが，読者にとって有意義な教科書となることを期待している．

『化学の要点シリーズ』編集委員会
井上晴夫（委員長）
池田富樹　伊藤　攻　岩澤康裕　上村大輔
佐々木政子　高木克彦　西原　寛

はじめに

　日本化学会編「化学の要点シリーズ」に『コスメティクスの化学』が加わることになりました．本書では，近年の化粧品産業界・油脂産業界の先端化学知識とともに，新たな道筋に踏み込もうとしている「コスメティクスの化学」をお伝えします．

　世界第二次大戦後，日本の科学技術は欧米と競争できるまでに発展し，1975年には産業界に物質特許が導入されました．その10年後に「未来の生物科学シリーズ」（共立出版，1986〜1998年）が企画されました．筆者（岡本）は『バイオ化粧品』（1986年）を担当し，バイオテクノロジー技術で製造された原料が，従来の生化学・生理学で解明された健常な皮膚機能に対して有用な特徴を発揮する製品づくりを記述しました．

　現在，バイオテクノロジーは飛躍的に発展し，ヒト全遺伝子解析に基づく皮膚機能の理解とともにevidence based化粧品開発が進められています．さらに，皮膚生理を損なわない多くの化粧品用機能性化学物質が生み出され，化粧品産業を支えています．

　健常な皮膚形成に関わる遺伝子が多くの研究者により決定され，皮膚疾患の原因決定や皮膚治療などに幅広く役立っています．この成果は，健常な皮膚形成や維持にも活用され，化粧品開発研究で重要な位置づけとなってきました．

　本書ではスキンケア製品開発を支える最新「コスメティクスの化学」の成果が，健常な皮膚を支える化粧品づくりに活用されている現状をお伝えします．

　第1章では，コスメティクスに使用される原材料の物性を示し，皮膚と肌への有用性を述べました．第2章では，コスメティクスが

実際に使用される皮膚の構造と機能について，図を用いてわかりやすく説明しました．第3章では，近年の科学技術の進展に伴うコスメティクス原材料の変遷について解説しました．第4章では，コスメティクスに求められる多様な機能について，バイオテクノロジーとコンピューターの役割，皮膚の角化制御を視座した製品開発の現実が実感できるように解説しました．

本書の書名『コスメティクスの化学』は，皮膚の機能を高め，保持する化粧品をコスメティクス（コスメ）として捉える若い方たちの視点から命名しました．各章で使用している用語のなかには，専門家の視点からは厳密性が多少低いものもあります．しかし，本書では若い読者がより身近に感じられるように，可能な限り「コスメティクス」という用語を用いました．

本書が，読者の方々の多角的な興味を引き出し，コスメティクスをさらに進化させるためのきっかけになると期待しています．

岡本暉公彦・前山　薫

目　次

第1章　コスメティクスの化学 ……………………………………… 1

1.1　コスメティクスの使用感とレオロジー ………………………… 1
1.2　コスメティクス原料の物性制御 ………………………………… 6
1.3　皮膚・肌に用いるコスメティクスの有用性 …………………… 11
参考文献 ………………………………………………………………… 18

第2章　コスメティクスが使われる皮膚の構造と機能 …… 21

2.1　皮膚の構造 ………………………………………………………… 21
2.2　表皮の構造と機能 ………………………………………………… 21
2.3　真皮の機能 ………………………………………………………… 23
2.4　紫外線とメラニン ………………………………………………… 26
2.5　皮膚のpH ………………………………………………………… 29
　2.5.1　皮膚のpHの歴史的背景 …………………………………… 29
　2.5.2　皮膚のpHに影響する因子 ………………………………… 30
　2.5.3　皮膚のpHの変化と影響 …………………………………… 31
　2.5.4　皮膚のpHを弱酸性にする因子 …………………………… 33
参考文献 ………………………………………………………………… 33

第3章　コスメティクス用原料の変遷 ……………………… 35

3.1　油脂誘導体 ………………………………………………………… 35
3.2　アコヤガイ素材より機能性化学物質の誘導：
　　 無機・有機化合物 ………………………………………………… 39
参考文献 ………………………………………………………………… 44

第 4 章　コスメティクスに求められる機能 ……………… **45**

4.1　美しさと感性―肌と真珠の輝き ………………… 45
4.2　化学構造と予測できるコスメティクス機能 ……………… 53
　4.2.1　多価アルコール ……………………… 53
　4.2.2　糖類 ……………………………………… 56
　4.2.3　生体高分子 …………………………… 57
　4.2.4　その他の保湿剤 ……………………… 58
　4.2.5　合成と組合せによる構造保湿 ………… 59
4.3　バイオテクノロジーとコンピューター化学の
　　　化粧品原料への影響 ……………………… 60
4.4　コスメティクス製造技術：
　　　ナノ粒子を支える高分子化学と光物理化学 ……… 64
　4.4.1　化粧品製造の基本概念 ………………… 64
　4.4.2　粒子径とエネルギー ……………………… 66
　4.4.3　ナノ粒子の形成とナノ粒子の維持 ……… 70
4.5　皮膚角化機能制御を夢見た化粧品開発 ……………… 71
　4.5.1　剤型選択 ……………………………… 72
　4.5.2　整肌を担う化粧水と保護を担う保湿クリームの
　　　　　処方設計 ……………………………… 73
　4.5.3　柔軟化粧水・保湿クリームの処方例と
　　　　　皮膚への効果 ………………………… 74
4.6　剤型制御で夢の発色 …………………………… 76
　4.6.1　真珠光沢顔料 ………………………… 76
　4.6.2　コレステリック液晶 …………………… 77
　4.6.3　リオトロピック液晶 …………………… 78
参考文献 ……………………………………………………… 79

おわりに	81
索　引	82

コラム目次

1．化粧品と法律	14
2．汗と水分蒸散	17
3．男女の皮膚の違い	24
4．皮膚と角化	26
5．皮膚がつくる抗菌タンパク質とバリア機能	40
6．色の見え方	46
7．企業に大きなインパクトを与えた夢多き化学者	54
8．製剤化技術と容器形状と感性色が新ブランドを確立した…	62
9．ブルーエマルションを目指して	68

執筆者

1.1 節,4.1 節:前山　薫
1.2 節:中野章典,前山　薫
1.3 節,2.1〜2.4 節:蝦名宏大,服部文弘
2.5 節:土屋　早,服部道廣
3.1 節,4.3 節:岡本暉公彦
3.2 節,4.2 節:大森文人,服部道廣
4.4 節:梶浦孝友
4.5 節:辻　延秀
4.6 節:中野章典

コラム1:高林政樹
コラム2〜4,7〜9:岡本暉公彦
コラム5:服部文弘
コラム6:前山　薫

第1章

コスメティクスの化学

1.1 コスメティクスの使用感とレオロジー

　本書では，化粧品をカジュアルに表現し，若い読者の方々になじみやすく捉えていただく表現として「コスメティクス」という用語を用いています．このコスメティクスに求められる機能として，皮膚への緩和な生理活性作用，使い心地の良さ，使いやすさ，見た目の美しさなどがあります．これらを満たすために，商品化に際しては様々な剤型でアプローチされます．例えば，クリーム，乳液，ゲル，ローションなどはコスメティクスカテゴリーを表した性状（物の性質と状態）であり，製品は使用性，デザイン性に優れた容器に収納されます．

　コスメティクスは容器内で3年間性状に変化がないこととする安定品質が求められます．その品質保持には製品が収納される容器との適合性が重要です．常に必要量が均質な状態で取り出しやすい容器仕様であることと同時に，高い保存性が求められます．

　一般に販売されているクリームを例に挙げると，容器に収納されている状態では，傾けてもそのままですが，指先がクリームにわずかにでも触れると，クリームは指先に必要量が付着します．そして指先を離れ，皮膚に塗布すると，そのクリームは完全に流動性のある液状の物性に変化し，滑らかに皮膚に塗布されるように，物性制

御された設計になっています.

　これら一連の物性の変化はレオロジーという観点から説明することが可能です. 物質の状態を力学的に理解する学問としては, 液体を取り扱う流体力学と固体を取り扱う固体力学が挙げられます. しかしながら実際の物性では, 粘性と弾性を併せ持った性質を示すものが多く, 流体力学と固体力学だけでは説明が困難です.

　例えば, 豆腐やこんにゃくに力を加えると形が変わり変形しますが, 力を抜くと元の状態に戻ります. このような性質のものは弾性体（elastic）という固体です. 一方, 力を加えると変形しますが, 力を抜いても元には戻らず, 変形したままのものがあります. 粘土細工の粘土がその例です. これを粘性体（viscous もしくは plastic）といいます.

　水などの液体も一種の粘性体で, こぼれた水は元に戻ることはありません. また, 粘性と弾性を併せ持つ性質は粘弾性といいます. 粘弾性を有する性質は,「この世に存在するほとんどすべての物体に該当します. ただ大抵の物体は, 粘性と弾性のどちらか一方が強く現れて, もう一方は目立たないことから, あまり意識しないだけです.

　このような考え方はレオロジーという概念で提案され, 物質の変形と流動に関する科学として定義されます. レオロジーは比較的新しい分野の学問であり, これまでに高分子やコロイド分散系を中心に基礎的な研究が深められてきました. 実学では, 食品, コスメティクス, 塗料の分野を中心に, 商品や品質設計に用いられることが多くなってきています.

　実際に, クリームの使用感とレオロジー測定データを合わせて議論すると理解しやすくなります. 測定対象がクリームであれ, ローションであれ, ゲルであれ, その製品の硬さや流れやすさを知るた

めには,製品に何らかの刺激を与えてその時の応答を観察する必要があります.粘弾性測定には静的と動的の測定方法があり,刺激を与える方向が一方向の場合は静的測定,正弦的な振動の場合は動的測定となります.

ここでは動的測定により,刺激となるひずみ,あるいは応力を正弦的な振動として製品に印加してみます.応答も同様の正弦的な振動として得られ,それぞれの振幅の比から粘性率と弾性率の比率が求められます.すなわち,クリームを一定周波数($\omega=1$ Hz)のもとで,ひずみ(%γ)を10^{-1}から10^3へと変化させて,ひずみの変位による弾性(貯蔵弾性率:G')と粘性(損失弾性率:G'')および弾性の性質と粘性の性質のどちらが強く占めているかを表すG''/G'(損失正接:$\tan\delta$)を求めた結果を図1.1に示します.

測定データから,容器に収容されている状態(約0～10%γ)では,G'の大きな弾性挙動を示していますが,指先がクリームにわずかにでも触れると一時的に加えられたひずみ(約10～30%γ)

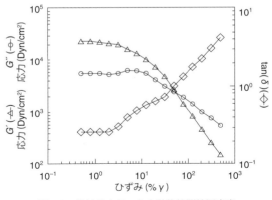

図1.1 化粧品クリームの動的粘弾性測定書

によって，弾性挙動は急速に減少し，G''の粘性挙動が増加します．これはクリームの物性が一時的に流動性を示す物性に変化するためです．

その後，指先に必要量のクリームが付着する（0%γに戻る）と，再び弾性挙動は優位となり容器に入った状態のクリームの物性に戻ります．さらに指先を離れ，皮膚への塗布時において指先の運動による強いひずみ（約500%γ以上）が加えられることによって弾性挙動の占める割合は逆転し，完全に流動性のある液状の物性に変化することで，滑らかに皮膚上に塗布されることがこの測定結果から読み取れます．

クリームのひずみの変化による構造の破壊過程と再生が繰り返される様子を調べるため，構造回復測定を実施しました．その結果を

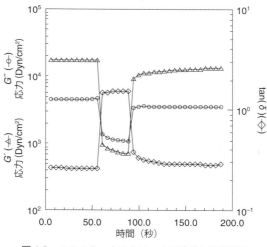

図1.2 コスメティクスクリームの破壊と回復試験

図 1.2 に示します．

　測定では，ひずみを 1% γ から 100% γ に上昇させ，約 30 秒間維持した後，再び 1% γ に戻して，その G'，G''，$\tan \delta$ の変化を測定しました．この結果から，クリームの物性はひずみの変位に依存して破壊と回復が起こり，強いひずみを与えることで破壊され，力を減少させると構造は簡単に回復することがわかります．つまり，クリームに軽く指先が触れると流動性のある液状へと物性が変化し，塗布すると皮膚上で液状になってコスメティクス機能を発揮するのです．

　一方，クリームを静置すると再び元の物性へと回復することから，コスメティクス容器内に残ったクリームは，容器に留まり流出することがない物性のクリームであることが読み取れます．このような静止状態では固体のような性状を示し，力を加えていくと徐々に液体のようになり，力を抜くとまた固体のようになる性質をチキソトロピー（thixotropy）といいます．この性質を制御することは，コスメティクス設計に際して最も重要な要素です．

　本節では，コスメティクスクリームを例にレオロジーという概念から物性を数値化してみました．コスメティクスに汎用されているクリーム，乳液，ゲル，ローションは，使用性が優れたものであるためには，肌の上で滑らかに塗布されるものでなければなりません．すなわち，いずれも流体と固体の間の物性でなければ商品価値はないといえます．コスメティクスの物性はレオロジーの概念で説明することができ，これによってコスメティクスの設計を数値化することが可能となるのです．

1.2 コスメティクス原料の物性制御

化粧品では界面活性剤を用いて油を溶かす技術（可溶化）や，乳化・分散する技術によって多彩な物性制御が行われています（3.1 節参照）．

界面活性剤は水になじみやすい親水部と油になじみやすい疎水部からなっており，油分や粉体の表面に界面活性剤が吸着して界面張力を低下させることで，可溶化や乳化，分散といった多様な作用を示し，物質の状態を変化させます．

砂糖が水に溶解している場合，分子が水和されて溶けていますが，可溶化では界面活性剤がミセル（micelle）という構造体を形成し，ミセル中に油を取り込み，光の波長より小さな粒子にすることで，見かけ上，油が水の中に透明に溶けて見えます．ミセルは界面活性剤の分子が数十個〜数百個集まってつくられ，内側は疎水的，外側は親水的になっており，油は疎水部に取り込まれています（図 1.3）．可溶化（solubilization）技術は化粧水に香料を溶かしたり，エモリエント†油分や油溶性の有効成分を溶かすのに用いられ

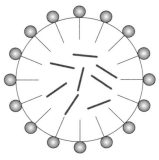

図 1.3　可溶化モデル

ています.

　水と油のように互いに溶け合わない二つの液体がある場合,一方の液体が細かい粒子として他方の液体に散らばっている現象を乳化（emulsification）といいます.乳化物（エマルション：emulsion）には水中に油が分散した O/W（Oil in Water）型と油中に水が分散した W/O（Water in Oil）型があります.

　O/W 型では,油滴と水の界面に疎水基を内側に,親水基を外側に向けて界面活性剤が吸着しています（図 1.4）.可溶化と似ていますが,油滴が光の波長に比べて大きいため,光を散乱して白濁して見えます.それに対して,W/O 型の乳化では,水滴と油の界面に疎水基を外側に向けて,親水基を内側に向けて界面活性剤が吸着し,油の中に水を分散させています.

　乳化製剤は水分と油分をバランス良く皮膚に供給することができ,目的に合わせて,有用成分を経皮吸収させるのに用いたり,皮膚の保湿やエモリエント効果に優れた製剤設計ができるため,乳液

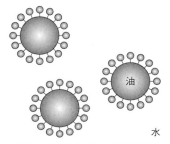

図 1.4　乳化モデル（O/W 型）

---

†　エモリエント：皮膚からの水分蒸散を防止してうるおいを保持し,皮膚を柔軟にするという皮膚生理作用のこと.（出典：日本化粧品技術者会編：『化粧品事典』丸善（2003））

やクリームからヘアリンスまで幅広い剤型に用いられています.

固体粒子が液体中で沈殿をおこさず均一に存在している状態を分散(suspension)といいます.乳化は粒子が液体であるのに対し,分散は固体である点が異なります.分散技術は歯みがき粉やサンスクリーン剤,リキッドファンデーションなどのメイク製剤に応用されています.

エマルションやサスペンションは熱力学的に不安定な状態のため,製品の安定性を保つための技術や工夫が必要とされます.分散した粒子を安定化するには,

① 静電反発を利用する方法

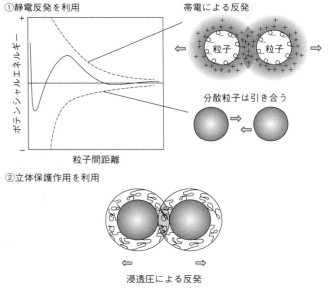

図 1.5 乳化・分散粒子の安定化メカニズム

②立体保護作用を利用する方法

があります（図 1.5）．分散した粒子が電荷を帯びると，その周りに反対電荷をもったイオンが引き寄せられてきます．粒子が近づくと同種のイオン同士の反発力が生じ，凝集が妨げられるため分散状態が維持されます．しかし，粒子の間にはファンデルワールス力が働いているので，反発力より引力が勝る条件では粒子は凝集してしまいます．引力と反発力の和が大きい方が分散は安定になります．これは DLVO（Derjaguin Landau Verwey Overbeek）理論として知られています．

安定化のもう一つは，吸着層（高分子，界面活性剤，水和層）の重なりに起因する立体保護作用です．高分子が吸着している層が重なると高分子濃度が高くなり，浸透圧効果によって反発力が生まれます．また，高分子鎖の立体構造がひずむので，元の立体構造に戻すための反発力が生じることで分散状態が維持されます．

一方，界面活性剤によりミセルを形成させて乳化を安定化させる方法とは異なる調整方法も提案されています．一つは，特定の水溶性高分子により形成されるゲルネットワークに油滴を分散させて安定化させる方法です．水溶性高分子のみでは，ナノメートルオーダーの液滴分散は行えない場合があります．そこで，水溶性高分子を乳化分散粒子表面に付着させ，水相：乳化分散相：油相の三相構造を形成させてエマルションを形成する乳化法が開発されています．界面活性剤ミセルによる乳化分散方法と異なり，相溶性による界面エネルギーの低下がなくなり，熱衝突による合一が起こりにくく，乳化物の長期安定化が図られています [1]．

もう一つは，無機物を用いた例として粘土鉱物（モンモリロナイト）の特異な性質を利用した方法です．モンモリロナイトは水に分散すると，負電荷を帯びた層面と正電荷を帯びた端面がお互いに引

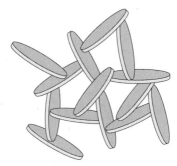

図 1.6　カードハウス構造

き合い，層面−端面結合の立体的な会合構造を形成します．これはカードハウス構造（図 1.6）と呼ばれ，このゲル構造に着目して乳化を安定化させます．

　W/O 型の応用例としては，表面にカチオン界面活性剤を吸着させてモンモリロナイトを変性させ，形成されたカードハウス構造中に水を封じ込め安定化させる技術があります．W/O 型でありながら，内層に 90% を超える水を安定化させることが可能です [2]．O/W 型の例では，粘土鉱物（コロイド含水ケイ酸塩）の板状層構造の層間にポリエチレングリコール（PEG）を挿入（インターカレーション：intercalation（図 1.7））させて安定化させる（図 1.8）のと同時に，ミセルによる乳化と同様の物性に制御可能な技術が確立されています [3]．

　以上はほんの一例ですが，水と油のように混じり合わないものを熱力学的に平衡状態を長く維持させる技術が乳化・分散です．今後も時代のニーズに応じて特徴的な乳化安定機構を有する技術が開発されることが期待されます．

図 1.7 インターカレーションのイメージ

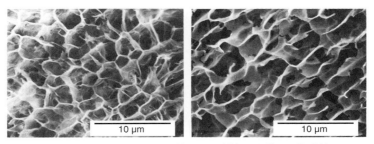

図 1.8 粘土鉱物に PEG が吸着する前（左）と吸着した後（右）

1.3 皮膚・肌に用いるコスメティクスの有用性

身体には生まれながらにして，身体の状態を一定に保とうとする力（恒常性維持機能，ホメオスタシス）があります．身体の中で最大の臓器である皮膚にもこの機能が備わっており，外界からの刺激から身体を守る様々な機能（保護，保湿，免疫，体温調節，抗酸化作用，紫外線防御など）が働いています．外界からの刺激には例えば乾燥や紫外線，異物の侵入などが挙げられます（表 1.1）．

しかし，ホメオスタシスは個人差による影響や，乾燥・紫外線・酸化などによる物理的ストレス，大気汚染・アルカリ・NOx などによる化学的ストレス，家族の病気，栄養素や睡眠の不足などによる生活上のストレスなど，様々な要因によって低下することがあり

表 1.1　外界刺激と防御部位

外界刺激	防御部位	防御部位の役割
乾燥	角層	角層をつくり水分を逃さない
紫外線	メラニン	メラニンが紫外線を吸収し，紫外線によるダメージを防ぐ
アルカリ	脂肪酸	脂肪酸がアルカリを中和する
異物	免疫細胞	免疫作用で異物を排除する
暑さ，寒さ	汗腺，血流	汗をかくことで冷却，血管の収縮により体温調節
機械的刺激	表皮，真皮，皮下組織	ケラチン線維，コラーゲン，中性脂肪などがつくる弾性により柔軟性をもたせる

ます．

　皮膚のホメオスタシスが低下すると，カサカサした肌，ニキビ，血行不良など皮膚の状態が悪くなるだけでなく，バリア機能が低下した皮膚に病原菌が侵入することで別の病気を誘発するなど，身体全体の健康を損なうことにもつながりかねません．スキンケア化粧品によって皮膚機能の低下予防や改善ができれば，皮膚だけでなく全身の健康にも貢献できると考えられます．このホメオスタシスを保つために，スキンケア化粧品はどのようなことができ，どのような工夫がなされているかを以下に四つ挙げます．

(1) 汚れを落として清潔にする

　皮膚表面には内因性の汚れとして皮脂や剥離した角層，皮膚常在菌による代謝産物と外因性の汚れとして空気中のちりやほこり，残留する化粧品などが汚れとして存在しています．汚れが残ったままでは，紫外線や皮膚上に存在する菌によって刺激物質に変換され，肌あれやニキビの発生につながってしまい，ホメオスタシスの低下やベタつきの原因となります．したがって皮膚表面を清潔に保つことは健康で美しい皮膚につながりますが，汚れを水で流すだけで除

去することは難しいのです.

これらの汚れを落として清潔にするのが，石鹸やメイク落としなどの洗浄化粧品です．洗浄化粧品中の界面活性剤は皮脂などの汚れと水との界面に作用し，油分と水分を馴染みやすくさせることで皮膚から汚れを除去します．メイク落としはメイクアップ化粧品となじみやすい油を用いることで，メイク化粧品を皮膚からメイク落としに溶出させたのち，拭き取りや洗い流しにより汚れを除去します．いずれも水では落ちにくい汚れを皮膚から浮かすことで除去しています．

(2) 皮膚の水分保持機能を保つ

皮膚の角層の保湿を担っている主要成分は水分，脂質，NMF（natural moisturizing factor：天然保湿因子）であり，脂質はセラミド，コレステロール，脂肪酸などから構成され，ラメラ構造という構造を取ることで角層中の水分やNMFの溶出を防ぐ役割を担っています．

NMFは角層中に存在する吸湿性の水溶性成分であり，主にアミノ酸から構成されています．これらの成分は健康状態や加齢に伴っ

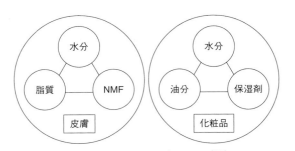

図 1.9 モイスチャーバランスの概念
（出典：尾沢達也ほか：『皮膚』，**27**，pp. 276-288（1985））

コラム1

化粧品と法律

　化粧品は「医薬品，医療機器等の品質，有効性及び安全性の確保等に関する法律（略称：医薬品医療機器等法）」によって，医薬品，医薬部外品等とともに規制されています．医薬品医療機器等法では，医薬品，医薬部外品，化粧品等の品質，有効性，安全性を確保し，危害を防止することを目的として規制しています．同法では化粧品の定義は，

「人の身体を清潔にし，美化し，魅力を増し，容貌を変え，又は皮膚若しくは毛髪を健やかに保つために，身体に塗布，散布その他これらに類似する方法で使用されることが目的とされている物で，人体に対する作用が緩和なものをいう．」

とされています．医薬部外品は薬用化粧品の他にも，口中清涼剤，腋臭防止剤，育毛剤，殺虫剤，殺そ剤，清浄綿，パーマネント・ウエーブ用剤，薬用歯みがき類，浴用剤，殺菌消毒薬，栄養ドリンク類，健胃・消化・整腸薬等があり，人体に対する作用が緩和なもので，殺菌消毒や病気の予防を目的とした製剤が含まれています．例えば，生理処理用品は衛生を目的に使用される製品のため医薬部外品に指定されていますが，紙おむつは排泄物を捕捉するため使用されるもので，医薬品医療機器等法の対象外の雑貨の扱いになります．

　化粧品には 56 の効能が認められていて，この内，肌に対する効能として，皮膚を清浄にする，肌を整える，皮膚にうるおいを与える，皮膚を保護する，皮膚の乾燥を防ぐ，肌にはりを与える，乾燥による小ジワを目立たなくする等の効能が認められています．

　薬用化粧品の効能は一般的に化粧水やクリームでは

「肌あれ．あれ性．あせも・しもやけ・ひび・あかぎれ・にきびを防ぐ．油性肌．かみそりまけを防ぐ．日やけによるしみ・そばかすを防ぐ．日やけ・

雪やけ後のほてりを防ぐ．肌をひきしめる．肌を清浄にする．肌を整える．
皮膚をすこやかに保つ．皮膚にうるおいを与える．皮膚を保護する．皮膚の
乾燥を防ぐ．」
の範囲内で，品目毎に厚生労働省から承認された効能です．

　化粧品や医薬部外品を市場で販売するには，製造販売業の許可が必要です．
また，化粧品や医薬部外品を製造するには，製造業の許可が必要です．これら
の業許可は，所在地の都道府県知事から与えられ，5 年毎の更新が必要です．

　化粧品に配合できる成分は，化粧品基準によって配合禁止成分と配合を制限
する成分が定められていますが，それ以外の成分は，製造販売業の責任で安全
性を確認して配合することができます．医薬部外品には，医薬部外品原料規格
2006 に収載されている成分や，それ以外に既存の医薬部外品に配合が認めら
れた成分を配合することができますが，製品の品質，有効性，安全性について
国の審査が行われ，承認されます．

　医薬品医療機器等法では，消費者の商品の選択と使用者への情報提供の観点
から，化粧品，医薬部外品に表示しなくてはならない項目を定めています．化
粧品等の容器や箱には，化粧品等の名称，製造販売業者の名称や住所，製造番
号，成分を表示し，添付文書には使用上の注意等を記載しなくてはなりませ
ん．また，医薬品医療機器等法では，化粧品等の名称，製造方法，効能，性能
について虚偽，誇大な広告を禁止しています．それとは別に，医薬品等適正広
告基準も定められ，保健衛生上の観点から具体的に広告を規制しています．広
告とは，容器や箱の表示から，パンフレット，雑誌，テレビ，ラジオ，イン
ターネット等，消費者向けの媒体が対象になります．化粧品の効果は，認めら
れている 56 の効能から逸脱した広告表現をすることはできません．例えば，
「肌がしっとりする」は効能の範囲内ですが，「肌の働きを助ける」は効能から
逸脱していて表現することはできません．

て減少します.したがって化粧品においてもこれらに相当する成分である水・油分・保湿剤をバランス良く配合し,使用することが皮膚表面状態の改善および皮膚トラブルの未然防止に重要とされています.これをモイスチャーバランスの概念と呼び,尾沢らによって提唱されました(図 1.9)[4].

化粧品に用いられる油分にはスクワラン,オリーブ油,ワセリンなどがあり保湿剤としてはグリセリン,トレハロース,ヒアルロン酸ナトリウムなどが使用されます.これらは使用時の感触にも大きく影響するため,保湿しつつもベタつきすぎない,油っぽくないなど使用感も考慮し配合されています.

(3) 皮膚の新陳代謝を活発にする

新陳代謝を活性化するには皮膚細胞の活性化が大事です.さらに,血液循環機能による影響も大きいのです.血液の循環は体温調節だけでなく,皮膚組織に酸素や栄養を供給し皮膚組織の代謝産物などを排出する役割を担っており,血流を最適な状態に保つことは健康な皮膚を保つうえで重要であるといえます.

しかし,加齢などによる皮膚細胞活性低下や血行不良は,皮膚が新しく生まれ変わるリズム(ターンオーバー,2.3 節参照)を乱れさせ,角層が剥がれにくくなり,角層が分厚くなってしまいます.分厚くなった角層は皮膚表面をざらつかせ,透明感をなくし,くすみが生じます.さらに,メラニンが代謝されにくくなるので,生じたシミやくすみが色素沈着してしまいます.こういった機能低下に対抗するために血液循環を改善するには,マッサージ化粧料などを用いることが望ましいのです.

通常のクリームは油分よりも水分量が多いため,マッサージ中は水分が揮発して重くなりマッサージを行いにくくなってしまいます.それに対してマッサージ化粧料は,通常のクリームと比べて油

コラム 2

汗と水分蒸散

　みずみずしく美しい皮膚は一番外側を表皮角層で覆われています．この角層は皮膚基底層細胞から角化という表皮細胞が分化した最後の姿で，表皮細胞の水分量（おおよそ 60%）が 20% まで減少した水分量の少ない，水分をむやみに体外に蒸発させない大切な保護膜です．

　ちなみに全身の水分量は新生児で 80%，成人で約 70% です．これを皮膚の部分のみで比べると新生児で約 13%，成人で約 7% です．このわずかな水分を逃がさないように，角層では脂質やアミノ酸などの保湿物質で約 20% の水分量となるように調節し，美しい状態が保たれています．

　アミノ酸等の保湿成分は，アミノ酸類，ピロリドンカルボン酸，乳酸塩，尿素などです．これらは化粧品用語としては，NMF（天然保湿因子）と総称されます．

　全身の水分量の調節は，尿，便としての排泄，発汗，そして気が付かないうちに体表面から蒸発する不感蒸散で行われています．

　汗は汗腺の働きで外界に蒸散していきます．汗を出す能力のある能動汗腺は 2 歳までで 147 万〜180 万個，2 歳以降では 190 万〜276 万個になります．赤ちゃんの体表面積と成人のそれを比較すると単位面積当たりの能動汗腺の数は成人の 10 倍ほどです．赤ちゃんは成人以上に外気温に反応して汗を出します．出しきれないときにあせもなどになってしまいます．

　一方，皮膚から蒸散する水分は汗だけではありません．体の内部にある水分は表皮に浸透していきます．この水分は外気温が 20℃ 以下でも皮膚表面，呼気などから蒸散し，体温調節に役立っているのです．この量は 1 日あたり約 900cc です．体温調節機能として全身の 14% 分の体温調節を担っています．

分の量が多いため，その変化が少なくなっています．また，配合される油のバランスもマッサージしやすいよう滑らかで伸びのあるものを選ぶなどの設計がされています．

(4) 有害な外的因子から皮膚を守る

例えば，紫外線はシミやシワの生成，皮膚細胞の DNA にダメージを与えることが知られています．通常，紫外線から皮膚を守る機能としてメラノサイトがメラニンを生成します．しかし，過剰なメラニンの生成はシミやくすみなどにつながります．シミやくすみがなく健康的で美しい皮膚を保つために紫外線から皮膚を守る手段としてサンケア（日焼け止め）化粧品が挙げられます．

サンケア化粧品には紫外線吸収剤や紫外線散乱剤が配合されており，紫外線吸収剤は紫外線のエネルギーを吸収し熱などの別のエネルギーに変換することでその影響を抑え，紫外線散乱剤は紫外線を皮膚の上で散乱させることで物理的に防いでいます．いずれも高配合すればその効果は高まりますが，それと比例してベタつきやきしみ感が強くなり，安全性にも懸念が持たれます．サンケア化粧品は紫外線を防ぎながらもデイリーケア向けやアウトドア向けにも使えるよう様々な工夫がなされています．

皮膚は紫外線，刺激物や乾燥から身を守るためにホメオスタシスを有していますが，その機能は加齢などにより低下してシミやシワなどが生じやすくなります．スキンケア化粧品は低下した皮膚の機能を補い，健康で美しい皮膚を保つ上で有用であると考えられます．

参考文献

[1] Imai Y. et al.: *Colloids and Surfaces*, **276**, p. 134（2006）
[2] 山口道広ほか：『油化学』，**40**，p. 491（1991）
[3] 前山薫ほか：*J. Soc. Cosmet. Chem. Jpn*, **29**, pp. 234-241（1995）

- [4] 尾沢達也ほか:『皮膚』, **27**, pp. 276-288 (1985)
- [5] 阿部正彦ほか:『トコトンやさしい界面活性剤の本』日刊工業新聞社 (2010)
- [6] 正木仁ほか:『化粧品開発のための美容理論, 処方/製剤, 機能性評価の実際―基礎・応用・最新技術―』技術教育出版社 (2014)
- [7] 福井寛:『トコトンやさしい化粧品の本』日刊工業新聞社 (2009)
- [8] 光井武夫:『新化粧品学』南山堂 (2001)
- [9] 日本化粧品技術者会編集企画:『化粧品の有用性』薬事日報社 (2001)
- [10] 清水宏:『あたらしい皮膚科学』中山書店 (2005)
- [11] 日本化粧品技術者会編:『化粧品事典』丸善 (2003)
- [12] 坂本一民ほか:『文化・社会と化粧品科学』薬事日報社 (2017)
- [13] 坂本一民ほか:『肌/皮膚, 毛髪と化粧品科学』薬事日報社 (2018)

第2章

コスメティクスが使われる皮膚の構造と機能

2.1 皮膚の構造

　皮膚は内臓諸器官の保護，体温調節，分泌などの多彩な機能を営む臓器で，その重量・表面積ともに身体中最大のものとなっています．皮膚の総面積は成人で約 1.6 m²，重さは皮下組織まで加えると中肉中背の人で体重の約 16 % になります．皮膚内部は外側から，表皮，真皮，皮下組織の3部位からなり，さらにいくつかの層を形成しています（図 2.1）．その他にも，皮膚付属器官として毛髪，皮脂腺，汗腺，爪などがあります．

2.2 表皮の構造と機能

　表皮の厚さは平均約 0.2 mm であり形態的な特徴からさらに4層に分けられます．深部から基底層，有棘層（ゆうきょく），顆粒層，角層と呼び（図 2.1），それぞれの層を構成する細胞を基底細胞，有棘細胞，顆粒細胞，角層細胞といいます．表皮の 95 % をこれらケラチノサイト（角化細胞）が占めています．表皮にはケラチノサイトの他にメラニンを合成するメラノサイトが基底層に存在し，免疫応答に関わる細胞としてランゲルハンス細胞などが存在します．

　基底細胞は絶えず細胞分裂し，増殖した細胞は表層に向かって有

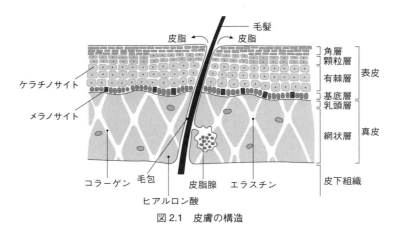

図 2.1 皮膚の構造

棘細胞，顆粒細胞，角層細胞へと性状を変えながら移動し，最終的には機能を終えて剥がれ落ちていきます．この角化細胞の変化は角化と呼ばれます．角化が絶え間なく一定のリズムで繰り返され，常に新しい表皮に生まれ変わることをターンオーバーといいます．ターンオーバーの周期は部位や年齢によっても異なりますが，正常な皮膚ではおよそ 4 週間といわれています．

次に表皮の各層の特徴について簡単に述べます．

(1) 角層

　最も表層にあって，皮膚の新陳代謝により角化され，表皮からアカやフケとなって剥がれていきます．

(2) 顆粒層

　この層はケラトヒアリンという光を強く反射する顆粒を含んでいます．この物質は紫外線を反射し，皮膚内部への浸透を防ぐ働きを持っています．

(3) 有棘層

表皮の中で最も厚く，多層に細胞が重なり合っています．個々の細胞はそれぞれたくさんのトゲを出して互いに連絡し，細胞と細胞との間には隙間ができています．この隙間を通してリンパ液が流れ，表皮に栄養を運んでいます．

(4) 基底層

表皮の一番下にあり，ここで新しい細胞がつくられています．2個に分裂した細胞のうち，1個は基底層にとどまり次の分裂に備え，もう1個は有棘細胞，顆粒細胞と形を変えていき，最後に角層細胞となり，アカやフケとなって剝がれていきます．また，この層には色素細胞（メラノサイト）があり細胞内部でメラニン顆粒が生成されています．

2.3 真皮の機能

真皮は，上層部分を乳頭層，それより下の大部分は網状層と呼ばれています．表皮に比べて細胞成分は少なく，多くは細胞外マトリックスが占めています．細胞外マトリックスは線維状のタンパク質や多糖類からなり，主要な成分としてタンパク質であるコラーゲンが挙げられます．コラーゲンは全身のタンパク質中の25％，真皮では70％以上を占める成分です．コラーゲンにはⅠ型やⅡ型など様々な種類があります．真皮はⅠ型コラーゲンとⅢ型コラーゲンが主要なコラーゲンであり，組織の形状を保つ役割を担っています．

細胞外マトリックスを構成する上で量は少ないのですが，もう一つ，エラスチンというタンパク質があります．エラスチンは真皮に約3～4％存在する成分で，コラーゲンの線維の間を縫うように走

行し,真皮内にネットワーク構造を構成して組織に弾性を与えています.

多糖類の成分としては,保水性のあるヒアルロン酸やコンドロイチン硫酸などの酸性ムコ多糖類が主成分であり,大量の水を保持し

コラム 3

男女の皮膚の違い

人間の体毛と性ホルモンの関係は部位により異なることに異議を唱える読者はいないと思います.前頭部や頭頂部は男性ホルモン・アンドロゲンにより萎縮し男性型脱毛を生じさせます.これに対して髭,胸毛などは明らかにアンドロゲンにより発育が促進されます.第2次性徴として発現する恥毛,腋毛は男女いずれも思春期に発達することはよく認識されています.

性ホルモンが皮脂腺に働き皮脂分泌を促すこともニキビ(尋常性ざ瘡)の発症経験から多くの人に理解されています.

皮脂量は下図に示したように男女差があります.この図を説明する前に新生

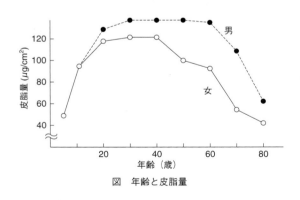

図　年齢と皮脂量

たゲル状態で線維間に存在しています．コラーゲンなどの真皮成分の変性や量が減ることが，シワやたるみの生成につながります．

皮膚の血管は真皮および皮下組織に存在し，体温調節や栄養の運搬に関係しています．出血しない小さな怪我は表皮までしか傷つい

児ニキビについて説明しておきます．新生児の頬部皮表脂質重量は成人とほぼ同じぐらいあります．皮脂腺由来の脂質であるスクワレンを新生児皮膚の皮表脂質から採取して，ガスクロマトグラフィーで測定すると小児の6倍，成人の1/2あることが示され，皮脂腺活性が高まっていることが確認できます（この部分は左図には示されていません）．この皮表脂質分泌は母体副腎由来のアンドロゲン濃度が原因と考えられます．

新生児期後の皮脂量は男女で左図のような経過をたどります．15歳前後の皮脂量が急に増加する時期とニキビ発症時期はほぼ一致するのです．表皮の発達と毛穴機能の発達，そこに皮脂量の急激な増加，そして日常のスキンケアの構図でニキビが顕れてきます．

主な皮脂腺は毛包にあり（本文図2.1），副腎の働きで男性ホルモン分泌が促されます．これにより男性化が促されるため，皮膚の色素沈着がより男性の方が多くなるのではないかとも考えられています．さらに，角層を厚くし，表面が粗く，硬い毛穴が目立つ男性らしい皮膚を誘導する一因でないかとも考えられているのです．

左図に示したように皮脂量は15, 6歳頃から常に男性が優位で，女性は40歳頃から皮脂量が減少し50歳以降ではその差はさらに大きくなります．中年男性の顔が脂ぎって見える主原因です．

皮表脂質と皮膚代謝物のNMF（天然保湿因子）で皮表を保湿する働きが発揮されるので，男性の方が女性より肌が乾燥しにくい機能を備えているともいえます．その反面，洗顔，保湿などスキンケアを怠ると皮表脂質やNMFがいわゆる加齢臭の原因となって周囲の方に嫌われてしまいます．

ていませんが,出血している場合は真皮や皮下組織の血管が傷ついているということになります.

2.4 紫外線とメラニン

日光に含まれる紫外線には,皮膚を構成する細胞の DNA にダメージを与える作用があります.そのため皮膚は紫外線に対抗する手段としてメラニンをつくり,がんなどの皮膚疾患の発生を防ぎます.メラニンは肌の色に大きく関わっています.したがって肌の黒

コラム 4

皮膚と角化

コスメティクスの化学と皮膚科学は表裏一体です.皮膚は表面積約 1.6 m^2, 厚さ約 2.1 mm,容積 2.4〜3.6 ℓ,重さは体重の 16％（3〜5 kg）を占める大きな臓器です.容積と重さに幅を持たせた表記にしたのは,体が大きく,または太くなれば,皮膚はそれに追従して大きさを変化させるからです.相撲取りの大きな人は 240 kg あるそうです.成人の体重 60 kg の人と比べると,皮膚の重さも 38.4 kg：9.6 kg と 4 倍近い相違が出ます.この伸び縮みを利用して皮膚形成がなされます.

また皮膚は,表皮基底細胞から角層細胞に至る過程で細胞内構造を変え,最終的に角層になり,表皮表面を覆い,体全体を外界から守る役割を担います.皮膚付属器である毛髪も同じように,表皮細胞が毛髪をつくる毛母細胞に分化し,毛根も形成し,毛嚢・毛穴より角化して毛髪となり皮膚を覆います.この角化過程で注視されるのがタンパク質架橋による高分子化などによる強固な生体成分への変化です.この変化は表皮顆粒層より角層への変化で SH 基が S–S 架橋に劇的に変わることで確認されています.この変化は,DACM（N–(7-Di-

い人種ほど皮膚がん発生のリスクが低く，逆に肌の白い人種ほど皮膚がん発生のリスクが高くなります．

メラニンの合成は，皮膚に紫外線や炎症などのストレスが加わることで始まります．表皮ケラチノサイトは α-MSH（α-melanocyte-stimulating hormone：α-メラノサイト刺激ホルモン）や活性酸素などメラノサイトを刺激する物質を産生し，メラノサイトを活性化させます．活性化されたメラノサイトは，メラノソームと呼ばれる細胞内小器官でアミノ酸の一種であるチロシンを出発物質としてチロシナーゼによってドーパ，ドーパキノンへと酸化されます．ドー

---

methylamino-4-Methylcoumarin-3-yl) Maleimide）（CAS：55145-14-7）で皮膚切片を染色することで明確に確認することができます．

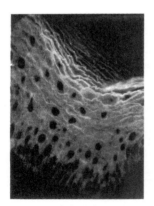 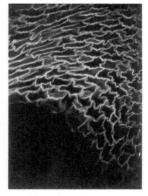

（左）表皮顆粒層までのタンパク質 SH 基染色像
（右）角化した角層のタンパク質 S-S 架橋染色像

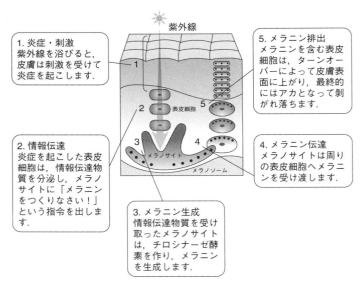

図 2.2　メラニン生成メカニズム

パキノンは自動的に酸化を起こしたのち，チロシナーゼ関連タンパク質などが作用してメラニンがつくられます（図 2.2）．

この際メラニンは 2 種類合成されます．一つはユーメラニンと呼ばれる黒色メラニンであり，もう一つはドーパキノンとシステインが反応することで生成するフェオメラニンです．フェオメラニンは黄〜赤色のメラニンであり我々の皮膚や毛髪にはフェオメラニンとユーメラニンが混在しています．この 2 種メラニンの比率によって皮膚や髪の色に個人差が生まれます．

メラニンは皮膚を守るためにつくられるものです．しかし，過剰につくられるとシミなどの原因になります．シミやくすみのない肌を目指すには，紫外線防御製品や衣服などによって，紫外線に過剰

にさらされないための工夫が必要です.

2.5 皮膚のpH

　皮膚のpHは，皮膚のバリア機能の維持や健康状態を見る上で一つの指標となります．健康な皮膚（角層）のpHを測定すると弱酸性（pH4.5～6.5）を示します．この弱酸性は，外部からの物質の侵入を防ぐバリア機能の維持や，強固な角層の構築を行うとともに，皮膚表面の病原菌の生育抑制などにも貢献しています．

　角層のバリア機能は，外部からの刺激などにより損傷を受け低下しますが，このような角層を弱酸性の緩衝液で処理した場合，中性に比べて回復が早いことが報告されています [1]．この結果は，皮膚のpHが弱酸性に保たれていることが，角層のバリア機能の維持・管理に重要であるということを示しています．そのために皮膚は，皮膚のpHを常に弱酸性に保とうとするpH緩衝機能（緩衝能）を有していることが知られています．言い換えれば，私たちの体は"弱酸性の保護膜"で覆われているということになります．この概念は「酸外套」と呼ばれ，今から1世紀前に提唱されました．通常，弱酸性である皮膚のpHが塩基性側に偏ることは，健常な皮膚の状態を保つ上で都合が悪いこととされています．

　続けて，皮膚のpHが塩基性になるとなぜ悪いのか，塩基性になるとどのようなことが起こるのか，また，皮膚はどのようにpHを弱酸性に保っているのかについて述べます．

2.5.1 皮膚のpHの歴史的背景

　皮膚のpHの測定方法には，pHによる発色の変化を指標とする比色法，電極などを用いて電気的に測定する方法などがあります．

皮膚の pH は，1892 年に Heuss が比色法を用いて測定したのが始まりで，この時点で「皮膚の pH は酸性で，アルカリ中和能を有する」ということが明らかにされています [2]．その後，1928 年には Schade により電気的な測定法が考案され，キンヒドロン電極やガラス電極を用いた皮膚の pH の研究につながっていきました．

Heuss の研究以降，皮膚の pH についての様々な測定例が報告され，pH 3.0〜7.0 と幅広く定義されていました．時代とともに測定機器の精度が上がるにつれ，その幅は pH 4.5〜6.5 と狭められ，さらに，皮膚疾患にも皮膚の pH が関係するという研究がされるようになっていきました．

1928 年，Marchionini が「肌は "酸外套" と呼ばれる酸性の保護膜で覆われている」という説を唱え，皮膚の pH 問題において一時代を画しました．さらに，1954 年には Cornbleet が酸外套と皮膚常在菌には関係があることを見出しました．Heuss の研究によって知り得た「皮膚表面は酸性である」という "事実" が，多くの研究によって立証されました．その後，皮膚の pH については，「皮膚表面は酸性である」ことの "意義づけ" とその理由の探求へと発展し議論されるようになっていきました．

2.5.2　皮膚の pH に影響する因子

皮膚の pH に影響を与える因子には，内因性のものと外因性のものがあります（表 2.1）．具体的な例として年齢を軸に述べます．胎児は，生まれる前は母体の中で弱塩基性の羊水に囲まれています．そのため，出生第 1 日目では体のどの部位でも pH は中性領域であり，これは，成人に比べ有意に高いことを示しています．

しかし，出生後数日の間に外気に晒され，皮膚の pH は，部位差を伴って速やかに弱酸性に変化し，生後 90 日ごろまでに徐々に成

表 2.1 皮膚の pH に影響を与える因子

内的因子	外的因子
年齢	洗剤,化粧品,石鹸
解剖学的部位	密封包帯法,閉塞的衣類,オムツ
遺伝的素因	皮膚刺激物
人種差	抗菌外用剤
皮脂	
皮膚水分量	

(出典:Yosipovitch G., et al.: *Cosmet. Toiletries*, **111**, p. 101 (1996))

人の値へと変化していきます [3]. 老年では,代謝の衰えにより,皮膚の pH はより塩基性側へ傾きます. 皮膚の pH の上昇や緩衝能の低下が,高齢者の皮膚でみられることも報告されています [4]. また,人種については,肌色が濃く日焼けで黒くなる皮膚では,肌色が明るく日焼けで赤くなる皮膚に比べて,低い pH を有していることが報告されています [5].

2.5.3 皮膚の pH の変化と影響

本節では,皮膚の pH が上昇すると,肌にどのような影響が出るのかを見ていきます.

一つ目は,湿疹への影響があげられます. 皮膚の pH は体の部位によって異なり,屈側部や額部では低い pH を示し,伸側部や頬部では高い pH を保持します [6]. 頬部や伸側部では湿疹がよくみられます. また,アトピー性疾患患者の皮膚の pH は,健常者に比べ高い傾向にあります. これらのことから,皮膚の pH と皮膚疾患の関係が考えられています.

二つ目は,皮膚常在菌に対する影響です. 皮膚上には様々な微生物が存在し,これらは皮膚常在菌と呼ばれます. 皮膚常在菌は弱酸

性の環境下で，お互いにある一定の割合で均衡を保って存在しており，病原性の菌が過剰に繁殖することを防いでいます．皮膚のpHが上昇すると，この皮膚常在菌のバランスが崩れ，病原性細菌の過剰繁殖を引き起こします．

三つ目は，バリア機能に対する影響です．角層そのものは死んだ角層細胞の集合体です．しかし，表皮角化細胞に由来する様々な酵素や生理活性物質を含み，活発な代謝組織であるといえます．セラミド産生に関わる酵素βグルコシセレブロシダーゼや酸性スフィンゴミエリナーゼもその一つであり，酸性領域に至適pHを持つことが知られています．セラミドは細胞間脂質の主要な構成成分で，角層のバリア機能や水分保持機能にとって重要な役割を担っています．pHが上昇すると，至適pHから外れ，酵素活性が落ち，その結果セラミド産生量が低下して，角層のバリア機能が損なわれます [7]．

一方，角層に含まれるセリンプロテアーゼは，至適pHを塩基性に持つ酵素で，角層細胞同士の接着に関わるタンパク質を分解し，角層細胞の剥離に寄与しています．この酵素は，弱酸性においては活性が適度に抑制され，適切な細胞の剥離が行われます．しかしpHが上昇すると，この酵素が必要以上に活性化され，接着タンパク質の分解が亢進され，過剰な剥離が起き，ターンオーバーの乱れにつながります．さらに，この酵素の活性化によって，受容体であるPAR2が活性化され，層板顆粒の分泌を減少させます．この結果，脂質の異常を誘発し皮膚のバリア機能を損なわせます [8]．皮膚のpHが上昇すると，様々な悪影響を引き起こし，皮膚は健康な状態を維持することができなくなるのです．

2.5.4 皮膚のpHを弱酸性にする因子

皮膚のpHを弱酸性にする因子としては，従来から皮膚常在菌の代謝物や皮脂腺から分泌される遊離脂肪酸や乳酸，エクリン汗腺から分泌される汗に含まれる成分，その他様々な生体由来成分が考えられています．近年，皮膚のpHを弱酸性に保つ内的因子として，ウロカニン酸の重要性が示唆されています．ウロカニン酸は，フィラグリン由来のヒスチジンからヒスチジン分解酵素によりつくられます．しかし，ヒスチジン分解酵素欠損マウスの皮膚のpHに変化はなく，実際にウロカニン酸が皮膚のpHの維持にどれほど貢献しているかは不明であり，今後の研究展開が期待されています．

ここまで述べてきたように，皮膚のpHが塩基性に傾くことで，バリア機能や水分保持機能の障害，病原菌の繁殖が起こり，様々な皮膚トラブルにつながります．これを防ぐ機能として，皮膚はpHを弱酸性に保とうとする「緩衝能」を有しているのです．皮膚のpHが弱酸性であることは，健康な皮膚を保つうえで重要な役割を果たしているのです．

参考文献

[1] 畑弘道ほか：『日本皮膚科学会雑誌』，**68** (11)，p. 795（1958）
[2] Yosipovitch G., et al.: *Cosmet. Toiletries*, **111**, p. 101（1996）
[3] Hoeger P. H., et al.: *Pediatr. Dermatol.*, **19**, p. 256（2002）
[4] Saba M., et al.: *Acta. Derm. Venereol.*, **93**, p. 261（2013）
[5] Gnathilake R., et al.: *J. Invest. Dermatol.*, **129** p. 1719（2009）
[6] Rippke F., et al.: *Am. J. Clin. Dermatol.*, **3**, p. 261（2002）
[7] Crumrine D., et al.: *J. Invest. Dermatol.*, **125**, p. 510（2005）
[8] 福井寛：『トコトンやさしい化粧品の本』日刊工業新聞社（2009）
[9] 光井武夫：『新化粧品学』南山堂（2001）
[10] 日本化粧品技術者会編集企画：『化粧品の有用性』薬事日報社（2001）
[11] 清水宏：『あたらしい皮膚科学』中山書店（2005）

[12] 日本化粧品技術者会編：『化粧品事典』丸善（2003）
[13] 坂本一民ほか：『文化・社会と化粧品科学』薬事日報社（2017）
[14] 坂本一民ほか：『肌/皮膚，毛髪と化粧品科学』薬事日報社（2018）
[15] 尾沢達也ほか：『皮膚』，**27**，pp. 216-288（1985）
[16] 上野賢一：『皮膚科学』p. 29，金芳堂（1996）
[17] J-P Hachem et al.: *J. Invest. Dermatol.*, **126**, pp. 2074-2086（2006）
[18] Krien P. M., et al.: *J. Invest. Dermatol.*, **115**, pp. 414-420（2000）
[19] Fluhr J. W., et al.: *J. Invest. Dermatol.*, **122**, pp. 320-329（2004）

第3章

コスメティクス用原料の変遷

3.1 油脂誘導体

　化粧品の歴史上，用いられてきた原料は顔料と油脂が主体でした．化粧の始まりは日本，北米，ヨーロッパでは白色顔料やおしろい，熱帯地域では赤色顔料が用いられてきました．また，スキンケア（皮膚・肌の保護），保湿には油脂が用いられてきました．

　化粧品における油脂の使用量を見ると，流動パラフィン，ワセリンが上位を占めます．しかし，高級アルコール，高級脂肪酸，アミノ酸，多価アルコールなどのエステル・エーテル類は，その組合せによって種々の化粧品機能を持たせた利用法で幅広く用いられている原料といえます．

　例えば，天然油脂である高級脂肪酸トリグリセライドは，グリセリン，高級脂肪酸，高級アルコール，高級脂肪族アミンに加水分解されて誘導され，さらに，これらを基本原料として多くの油脂誘導体が生み出され，私たちの身の回りで使われています．これらに加えて各種アミノ酸およびタンパク質などが用いられることで，化粧品製造科学は飛躍的に幅と深みを獲得しました．例えば石鹸は，

　　椰子油やパーム油トリグリセライドを鹸化⇒塩析⇒乾燥⇒
　　白色剤・着色剤の添加配合⇒ロール掛け⇒押し出し⇒切断⇒
　　型打ちの工程

を経て化粧石鹸，薬用石鹸，過脂肪石鹸，透明石鹸，紙石鹸，ペースト・液体石鹸として加工されます．しかし，近年ではパーム油採油国で油脂を加水分解し，直接・連続製造方法で化粧石鹸にまで加工して各国に送り出されます．

また，高級アルコール，高級脂肪酸，アミノ酸，多価アルコールなどのエステル・エーテル類を，疎水性・親水性の視点から界面活性剤類を誘導して，洗浄剤，乳化剤，保湿剤がつくり出されています．界面活性剤は分子の末端イオンの状態で四つのグループに分けられています（図3.1）．各区分の界面活性剤は表3.1に示したように被対象物との間で特徴ある機能を発揮します．

表3.1のRは各種高級脂肪酸類です．化粧品原料には通常C_{10}〜C_{18}程度の長さで利用されます．求める界面活性剤の性質・機能を考慮し，アルキル基は飽和・不飽和脂肪酸および枝分かれした脂肪酸等が選択されます．同様に対イオンもナトリウム，カリウム，トリエタノールアミン等が選ばれ，幅広い用途の製剤，使用感を持つ製品となります．

なお，高級脂肪酸類，高級アルコール，多価アルコールを基本に，エーテル結合やエステル結合を用いてつくられた非イオン界面

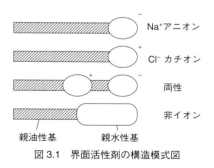

図3.1　界面活性剤の構造模式図

表 3.1 界面活性剤の分類と作用

イオン性	解離状態(例)	主たる作用
陰イオン性 (アニオン)	$RCOONa \rightarrow RCOO^- + Na^+$ $ROSO_3Na \rightarrow ROSO_3^- + Na^+$	起　泡 洗　浄
陽イオン性 (カチオン)	$[RN(CH_3)_3]Cl \rightarrow RN^+(CH_3)_3 + Cl^-$	帯電防止 柔　軟
両　　　性	$R-N^+(CH_3)_2CH_2COO^-$	起　泡 帯電防止
非イオン性 (ノニオン)	$RO(CH_2CH_2O)_nH \rightarrow$ 解離しない	乳　化 可溶化

活性剤類は,油脂原料から多価アルコール類のマンニトール,ソルビトールと原料の幅を広げることで,無限の化粧品素剤を生み出すことが可能です.

　流動パラフィン,ワセリン等の炭化水素類の中では,ヒト脂質に含まれるスクワレンが理想の化粧品原料です.残念なことに,スクワレンは容易に酸化されるために,化粧品には安定して配合することができません.そのため水素添加されたスクワランが用いられます.旧来はサメ由来のスクワレンに水素添加して安定なスクワランとして使用してきました.しかし,大変理想的な化粧品原料であるために使用量が増大し,原料不足によって安定的に利用することが困難となりました.近年ではサトウキビの糖液ファルネセンより誘導されたスクワラン,イソプレンを重合した合成スクワランなどが使われるようになっています.

　近年の化粧品原料で製品特徴を著しく変革した化合物はシリコーンオイル誘導体と考えられます.旧来のシリコーングリース時代の化粧品用シリコーン誘導体は,ワセリンの使用感があり,さらに皮膚になじみの薄い感触で,化粧品製剤を構成する油脂やアミノ酸誘

導体類との相溶性が悪く,化粧品製剤技術者泣かせの原料でした.しかし,近年のシリコーン誘導体はシリコーン骨格が工夫されており,アミノ変性シリコーンのように他の化粧品原料とも相性が良く,さらに皮膚への感触も改善されたものが多くなっています.

細胞膜類似構成のリポソームの可能性が提言され,水素添加大豆レシチンで安定なリポソーム製剤をつくることが可能と実証されました.さらに,昨今ではマイクロエマルション技術に取り込まれ,経皮吸収を考慮したエビデンスベースドコスメティクス(evidenced based cosmetics)の実現に役立っています.

リン脂質は,リン酸とアルコールとの脂肪酸エステル,およびアミノアルコール,その他の塩基が結合した複合脂質です.これらにはレシチン,ケファリン,スフンゴミエリン,リン脂質が含まれます.リポソーム製剤にレシチンは必須物質です.リン脂質はグリセロリン脂質として生体の70%以上を占めています.この主たるものがレシチンです.化粧品には大豆レシチンと卵黄レシチンが多く用いられています.

リン脂質は,化粧品に用いると乳化剤以外に保湿剤としての機能も発揮します.その上,種々の官能基は各種化粧品原料との相溶性が良く,基礎化粧品である化粧水,乳液,クリーム,口紅,紫外線防御製品などに利用されています.

古くて新しい化粧品原料として各種金属石鹸を取り上げます.脂肪酸の各種金属塩(アルミニウム塩,カルシウム塩,マグネシウム塩,亜鉛塩)には,製剤のゲル化能,分散,乳化安定化能,つや消し効果,増粘性,撥水性,油脂のベタつき感の抹消効果などがあります.

3.2 アコヤガイ素材より機能性化学物質の誘導：無機・有機化合物

真珠は美の象徴として絵画，宝飾品，文献などで古今東西，人々を魅了し続けています．この真珠から機能性成分を抽出・精製して化粧品の原料とする研究・開発が進められてきました．

真珠は長い年月を経てもその輝きが損なわれることがありません．この秘密は真珠に約5％含まれている「コンキオリン」と呼ばれるタンパク質が持つ保水力によるものです．コンキオリンは真珠または貝殻中の真珠層から抽出・精製して得られます．このコンキオリンを構成する17種類のアミノ酸組成は，興味深いことに人の皮膚に含まれるNMF（天然保湿因子）のそれと非常によく似ており（図3.2），その組成ゆえに高い保水作用があると考えられています．

なお，化粧品原料にする際には真珠または貝殻から得られたコンキオリンをさらに加水分解し，ペプチド，アミノ酸にまで分解します．これによって皮膚への浸透性が増し，皮膚への高い保湿作用が

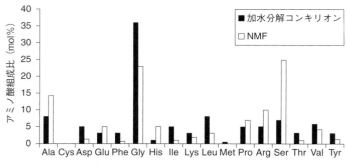

図3.2　アコヤガイ由来のコンキオリンとNMFのアミノ酸組成の比較（モル比）

期待されます．長年の研究からコンキオリンの保湿メカニズムについても幾つか解明され，主に以下の二つの作用が鍵となっていると考えられています．

コラム 5

皮膚がつくる抗菌タンパク質とバリア機能

人の皮膚は多くの微生物にさらされています．しかし，皮膚上の微生物叢の数と構成は一定に保たれ，健常な状態を維持しています．これには，皮膚の細胞が産生する抗菌物質による免疫作用が大きく寄与しています．皮膚の抗菌物質としては，S100A7 や human β-defensin, cathelicidin LL-37, Dermcidin などが知られており，皮膚だけでなく，気道，腸管などにも多量に存在することが明らかとなっています．また，これらの抗菌物質は，創傷や乾癬，アトピー性皮膚炎などの数多くの皮膚疾患においても多量に発現しており，創傷治癒や皮膚疾患に関与していると考えられています．例えば，S100A7 は乾癬患者の皮膚から発見された抗菌物質で，健常皮膚はもとより創傷やアトピー性皮膚炎などの疾患で多量に発現しており，特に大腸菌に対して特異的な抗菌作用を有しています．また，これらの抗菌タンパク質は，単に抗菌機能だけを有するのではなく，表皮の細胞（ケラチノサイト）の遊走や増殖，サイトカイン・ケモカ

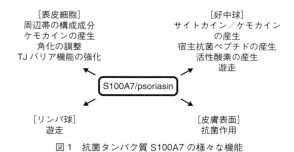

図 1　抗菌タンパク質 S100A7 の様々な機能

一つはフィラグリン産生促進作用です。フィラグリンとは表皮の顆粒細胞で産生される塩基性タンパク質の一種であり、皮膚の保湿に欠かすことのできないNMFのもとになります。コンキオリンは

インの産生、炎症反応の抑制など、様々な機能があることがわかってきています（図1）。抗菌作用よりも免疫調節機能の方がメインではないかともいわれており、宿主防御ペプチドとも呼ばれています。

多機能性の例としてS100A7を見てみます。S100A7では、最近タイトジャンクション（Tight Junction；TJ）を強化する働きも明らかとなっています（図2）。TJは表皮顆粒層に存在し、細胞間を隙間なく結合することで、内部や外部からの物質の透過などを制御して、第2の皮膚バリアとして働いています。S100A7はTJ構成タンパク質のクローディン1, 4, 14、オクルーディンの発現を強化し、TJバリア機能を高めます。皮膚が産生する抗菌タンパク質は単一機能ではなく、複数の機能を有することで、皮膚のバリア機能や免疫機能に貢献しています。

健常な皮膚の機能維持には、いくつかの物質で必要な機能を補完しあう必要があります。すでに明らかになっている物質の機能も、それで完結するのではなく、多機能性を疑うことで、新たな発見があるかもしれません。

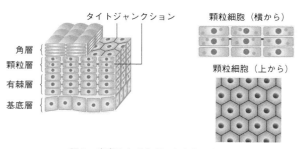

図2　皮膚のタイトジャンクション

このフィラグリンの産生を促進する作用があることから、加齢とともに減少していく NMF を補い、皮膚の保湿へつながると考えられています。

もう一つはアクアポリン形成促進作用です。皮膚の基底層から有棘層、顆粒層の細胞膜中に存在する膜貫通型タンパク質の一種で、細胞内外へ水や保湿成分を通す働きがあり、血管が存在しない表皮において細胞間に栄養源を循環させる働きがあります。なお、このアクアポリンが少ないとドライスキンなど皮膚乾燥が起こることが明らかになっています。コンキオリンによりアクアポリン形成が促進されることがわかり、結果として細胞間の水や保湿成分の循環が良くなり皮膚の保湿につながると考えられています。

このように真珠は外観的な美しさのみならず、人の皮膚に対しても美しさに寄与することが科学的に証明され、文字通り「美の象徴」といえるでしょう。

ところで、真珠はどのようにつくられるのでしょうか。砂などの異物がアコヤガイ等の真珠貝の体内に入り、その異物から体を守るために、異物の周りを覆うように外套膜という組織から真珠層が分

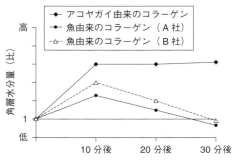

図 3.3　アコヤガイ由来コラーゲンと魚由来コラーゲンの角層水分量の比較

泌されて，真珠が形成されます．すなわち，真珠は生体防御の産物なのです．この仕組みを利用して真珠養殖は行われています．

真珠のもとになる外套膜には，化粧品原料として魅力的なコラーゲンが含まれています．この外套膜から抽出・精製されたコラーゲンが化粧品原料となります．アコヤガイの外套膜から得られたコラーゲンは，一般には化粧品原料として用いられている魚由来のコラーゲンより高い保水力を持ち，さらに塗布後の時間ごとの角層水分量の減少がほとんど見られず，高い水分保持力を示します（図3.3）．

ここまでは真珠貝の一種であるアコヤガイの真珠や外套膜から得られる成分，すなわち有機化合物の紹介でしたが，真珠にはまだまだ魅力的な成分があり，無機物にも化粧品原料として使用される成分が含まれています．

真珠や貝殻の真珠層を細かく粉砕し高温処理して得られた無機物であるミネラル成分（主に塩化カルシウム，塩化ナトリウム，塩化

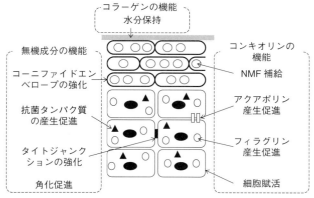

図3.4　アコヤガイ由来の有機および無機原料と皮膚の機能

鉄, 塩化マグネシウムから構成) には, 整肌作用があることが知られています. 具体的には, 角層細胞の細胞賦活, カビなどの外敵から身を守るために皮膚に備わっている抗菌タンパク質の産生促進, 角層細胞を覆うコーニファイドエンベロープと呼ばれる膜の形成促進, 角層中の角化促進, 顆粒層において細胞間を接着し皮膚の水分維持に寄与するタイトジャンクションの形成促進, 紫外線の照射で生じる活性酸素の除去など, 実に多くの機能があることがわかってきています.

以上のように, 真珠には健康で美しい皮膚を維持するために必要な多くの有機あるいは無機成分が含まれており, これを化粧品原料として利用する試みがなされています (図3.4). 真珠から得られる成分は, 化粧品にとってまさに宝の山といえるでしょう.

参考文献

[1] 廣田博:『化粧品用油脂の科学』フレグランスジャーナル社 (1997)
[2] 北島康雄: *Drug Delivery System*, **22** (4) pp. 424-432 (2007)
[3] ニヨンサバ・フランソワ:『バイオインダストリー』, **34** (9) pp. 44-52 (2017)

第4章

コスメティクスに求められる機能

4.1 美しさと感性—肌と真珠の輝き

多くの女性は,いつまでも若々しく美しい容姿でありたいとの願いがあります.その美しさの表現として,「真珠のような肌になりたい」とたとえられることがあります.「真珠のような肌」とは,具体的にどのような肌を女性は求めているのでしょうか? また,肌と真珠の美しさには,どのような共通性があるのでしょうか? 人の眼から見える肌と真珠について考えてみます.

「美しい肌」を具体的に表現すると,艶やかな肌,ハリのある肌,透明感のある肌,血色のよい肌などが挙げられます.これらはすべて見た目の印象です.それに対して,「真珠の美しさ」を具体的に示すと,ダイヤモンドのような閃光的な輝きではなく,淡く柔らかい輝き,透き通った光沢感,淡いピンク色(アコヤ真珠),シミがない,丸くて可愛いなどが挙げられます.なんとなく,美しい肌と同じようなイメージ表現が使われ,視覚による情報から「美しい肌」のたとえに「真珠」が用いられるのではないでしょうか.

人が色を識別する視覚について考えてみましょう.人の眼には見える光と見えない光があります.見える光は「光」の中のごく一部の波長領域に限られ,大部分は見えない光です.見える光は可視光線と呼ばれ,人の眼には色の違いとして認識されます.人が識別で

きる色（可視光線）の光の波長は，個人差はあるものの，およそ 380〜780 nm（ナノメートル）の範囲で，青は約 450〜500 nm，緑は約 500〜570 nm，黄は約 570〜590 nm，赤は約 600〜760 nm と

コラム 6

色の見え方

　私たちが物を見て色を感じるには，「光源」「物体」「視覚」の三要素が必要です．光のない暗闇では色はわかりません．肝心の物体がなければ，色は存在しません．もちろん，まぶたを閉じれば物体の色は見えません．すなわち，物体の色は，「光源」「物体」「視覚」の三要素が揃うと見ることができるのです（下図）．青い海，緑の木々，赤い屋根というように，色の違いができるのはなぜなのでしょうか．太陽の光をプリズムに通すと虹のような色の帯に見えることは，ニュートンが発見してから広く知られています．この光がつくる色の帯はスペクトルと呼ばれます（口絵 1，口絵 2）．

　スペクトルは，人の目には赤・橙・黄・緑・青・藍・紫の順に並んで見えます．これは，人の網膜が光の刺激を受けて色として感じるからです．人の目で見ることができる赤から紫までの光は「可視光線」と呼ばれます．スペクトル

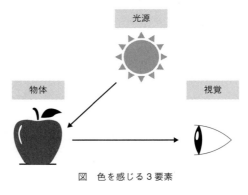

図　色を感じる 3 要素

されています.また,物質が光に照らされた時の光学現象に,透過,反射,屈折,干渉,回折,散乱などがあり,色と光学現象(コラム6参照)とが組み合わさった結果が人の眼に映ります.

を構成するそれぞれの光は,特定の波長を持っています.可視光線の中で,最も波長の長い光が赤く見え,波長の短い光が紫に見えます.赤より波長が長い光は赤外線と呼ばれ,紫より波長の短い光は紫外線と呼ばれます.赤外線も紫外線も人の目には見えません.光は空中を飛び交っている様々な電磁波の仲間です.電磁波には,波長が数千キロメートルの電波から,十億分の1 mm以下のγ(ガンマ)線まで,様々な種類があります.

「可視光線」は約380〜780 nmの波長域の光です.この可視光線が物体に届き,反射されると物体固有のスペクトルとなり,それを視覚は物体の色として認識するのです.実際に可視光線として青色領域(約450〜500 nm)の光(青色光),緑色領域(約500〜570 nm)の光(緑色光),赤色領域(約600〜760 nm)の光(赤色光),全波長領域(380〜780 nm)の光(白色光)を,白と緑の物体に照射して,どのように見えるかを観察してみました(口絵3).白色光下では白色の物体は白色に,緑色の物体は緑色に見えます.青色光下では白色の物体は青色に,緑色の物体は黒色に見えます.緑色光下では白色の物体は緑色に,緑色の物体は緑色に見えます.赤色光下では白色の物体は赤色に,緑色の物体は黒色に見えます.これらの現象を照明光の強度と物体の反射光の強度の関係として口絵4に示します.

口絵4に示すように,白色光下では白色の物体は可視光の全波長領域を反射します.一方,青,緑,赤のそれぞれの色光下では緑色の物体は,緑の波長領域の光は反射しますが,青,赤の波長領域の光は物体に吸収されて反射しません.すなわち,物体に吸収された光は色として見えません.青色光と赤色光下では,緑色の物体は光が吸収されて黒に見えるということです.私たちの「視覚」が認識する物体の色は,「光源の光」と「物体が反射する光」の組合せで決まるのです.

人の肌の見え方を決めている因子は，人の肌本来の成分や肌の状態に起因し，肌を照らす光の影響を受けた結果が見えているのです．肌状態による光の作用は，入射光100に対し，表面反射5，内部散乱55，吸収40といわれています．肌の見え方を変化させる因子として，肌表面では，肌あれなどにより角層の粗造化・剥離などがあります．照射された光が乱反射し，入射光が減少してしまうことで肌が暗く見えます．肌の表面から内部に浸入する光は，約0.2 mmの厚さの表皮内で散乱が生じ，基底層まで到達します．散乱を生じさせる要因には肌内部成分の屈折率の違いが関与します．肌の屈折率は角層中の水分量が正常に分布されている状態では約1.5といわれています．しかし，肌あれなどで肌が乾燥し角層中の水分量（水の屈折率：1.333）が低下すると肌の屈折率が高くなり，肌は白くカサカサに見えます．

肌深部にある真皮では，光は吸収・反射され色として見えます．

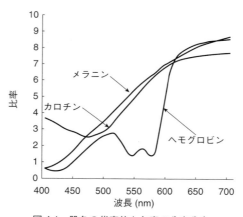

図4.1 肌色の代表的な色素の分光分布
（出典：小松原仁：照明学会誌，**78**（7），p. 330（1994））

肌本来の主な色素などの因子は表皮および真皮に分布し、皮膚固有色（角層深在上皮の不透明ないし黄疸色）、血液透視による色彩（赤ないし青色）、皮膚色素（メラニン色素）、皮膚中の異常色素（胆汁色素など）です。色素成分は、主にヘモグロビン（血液）、メラニン、カロチンです。人種による肌色の違いは色素の量的変化によるものです。

ヘモグロビン、メラニンおよびカロチンの分光分布を図 4.1 に示します。肌色の分光分布は短波長から長波長にかけて右肩上がりに上昇する特徴を持ちます。これはメラニンとヘモグロビンによる特徴です。すなわち、肌色を主に決める主な構成因子は、ヘモグロビン由来の赤色系の色とメラニン由来の黒色系の色です [1-3]。

以上のことから、肌表面の状態、角層の水分量および肌内部の色素成分が肌の見え方を左右する主要な因子です。

一方、真珠の見え方は、主に表面反射、透過、屈折、干渉、散乱による光学特性が関与し、そこに、真珠貝固有の色素と個々の真珠貝の生育環境下において規則正しく形成される真珠層の結晶薄膜の厚さ（図 4.2）とその形状との複雑な協調によってかもし出されま

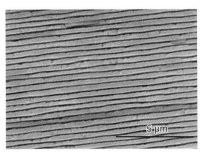

図 4.2　真珠断面（電子顕微鏡 10000 倍，1 層が 0.35~0.50μm）

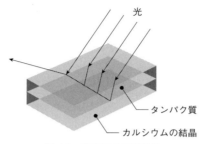

図 4.3 真珠層の光学特性

す.

つまり,真珠の色は,色素によるものと光学現象によって生じる構造色との組合せによる独特の輝きとなります.アコヤ真珠やシロチョウ真珠の黄色系色素,クロチョウ真珠の黒色系色素,淡水真珠のオレンジ(橙色)系色素やパープル(紫色)系色素など,真珠の種類によって特徴的な色調の輝きをもっています.それに対して構造色は,真珠層のアラゴナイト型炭酸カルシウムの結晶層と真珠層に約 4.5% 含まれるコンキオリンタンパク質シートが交互に積み重なった層状構造によりできる光の干渉作用によるものです(図 4.3).

アコヤ真珠の場合,真珠層は 0.35〜0.50 μm の厚さで均一な層を構成しています.発色は,個々の真珠の真珠層のわずかな厚さの違いによって異なります.真珠層表面の結晶薄膜を透過し,真珠内部に入った光が拡散反射することによって生じる干渉色が,真珠の見え方(色)を左右します.真珠層の厚さを決定する因子は,真珠貝固有の遺伝的性質と四季の水温変化に伴う生命の活動によって決定されます.自然に育まれた輝きが生物のつくる唯一の宝石と称される所以でもあるといえます.

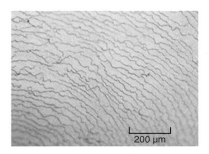

図 4.4 真珠表面の条線模様

自然界では,他にもタマムシやモルフォ蝶が構造色を発することは広く知られています.しかし真珠が宝石と称されるのは,真珠の見え方をさらに複雑にしている要因があります.すなわち,色素と構造色の他に,生物がつくる球形の鉱物であり,単純な表面反射と異なり,真珠内部に入った光が球の中で拡散反射を繰り返し,複雑な光学特性から生じる干渉色を呈することにあります(口絵5).

良質な真珠の真珠層は,小さな球形にち密で整然と積み重なった結晶層により,地図の等高線様で表面(条線模様,図4.4)が滑らかで,真珠表面での光の散乱が少ない状態になっています.

また,均一な層を形成しながら平面ではなく球形であることが,光の動き(透過,屈折,干渉,散乱)を複雑に表現しています.輝きを落とさないためには,真珠層中での光の散乱や吸収は極力避ける必要があります.真珠層中のコンキオリンの状態によって真珠の輝き方が異なります.空気中の水分がコンキオリンに吸着することで真珠層中の水分が一定に保たれます.

例えば,乾燥した所に保管した真珠は,真珠層のコンキオリンが水分を失い,真珠内部の(光の散乱により)光沢が低下し白っぽく見えます.また,極端な場合は,ひび割れを生じることさえありま

す．真珠の品質保持には，真珠内部の適度な水分が大切な働きをしています．

実際に，正倉院の宝物には真珠が多数保存されています．長年保管されているにも関わらず真珠が今なお形状を維持し，輝き続けているのは，校倉造（あぜくらづくり）という建築構造により湿度コントロール可能な環境下が関与しているものと推察しています．また，真珠を飾るショーケースの中には，乾燥剤ではなく，水を入れたコップが置かれています．真珠は人為的に養殖される過程から自然の現象を受け入れながら科学的管理を受け，良質の透き通った輝く真珠がつくられるのです．

ここまで肌と真珠のそれぞれの特徴について述べてきましたが，共通するのは，光の経路が重要ということです．表面反射や入射した光の障害になる要因をできる限り排除すること，水分をコントロールすることが最も重要で，透き通った美しい輝きの肌を得るヒントはそこにあります．

女性が憧れる「真珠のような美しい肌」を目指すためには，肌表面は，乾燥や荒れ肌ではなく，ち密な皮丘と皮溝が形成され，角層中には正常な水分量が保持され，健常に角層細胞が育まれることが大切です．角層から基底層にかけては，紫外線により生成されるメラニンが少ない状態で保たれているとき，眼に届く光は肌表面で正反射するだけでなく，皮膚内部に入り，肌表面ではち密な皮丘と皮溝によって微細な光散乱が生じ，肌の表層全体が明るく広がるように見えます．一方，角層内部に浸入した光は角層中の水分により光屈折を低く抑えられ，より内部へと光が侵入します．黒いメラニンがない角層，顆粒層，有棘層，基底層では，光の吸収が最小限に抑えられ，真皮へと光が届きます．真皮近くには毛細血管が張り巡らされています．その毛細血管のところでは，主に赤色が内部反射さ

れ，肌内部の血色が見えます．これらすべての光学特性により，血色の良い透明感のある肌に見えます．

4.2 化学構造と予測できるコスメティクス機能

　化学構造中に親水基（ヒドロキシル基，カルボキシル基，アミノ基など）を持つ物質は，一般には高湿度下では水を吸湿する性質があり，また低湿度下では吸湿した水を徐々に放出する性質があります．この高湿度下で空気中の水分を吸着する性質を吸湿性といい，低湿度下でどれだけ水を保持できるかという性質を保水性といいます．

　保湿剤は，この親水基の吸湿性と保湿性を最大限に発揮させるように分子設計され，応用されてきました．保湿剤とは，それ自身が水を吸収し，皮膚へ塗布することで角層に水を供給する性質のある原料の総称です．保湿剤を分子設計するにあたり，できるだけ高湿度下で吸湿性があり，低湿度下でも保水性のあるものが理想とされています．また，できるだけ長い時間，皮膚に留まる残留性の高いものが望まれています．このような目的に応じて，保湿剤は設計・選択されてきました．なお，近年では，化学物質の分子のみならず集合体（構造体）を取ることで，吸湿性および保水性を持つものも設計されています．以下では化粧品へ配合される汎用性の高い保湿剤，およびその組合せである構造体について述べます．

4.2.1 多価アルコール

　保湿剤の中でも最も汎用されていて，非常に高い吸湿性と保水性を持つのが多価アルコールです．多価アルコールとは，分子内に水酸基を 2 個以上持つアルコールの総称です．代表的な多価アルコー

ルには,グリセリン,ジプロピレングリコール (DPG),1,3-ブチレングリコール (BG),ポリエチレングリコール (PEG) およびソルビトールなどがあります.

図 4.5 に,これらの多価アルコールを 100 としたときの湿度 50% 下での吸湿による重量変化率を示しました.図 4.5 で明らかなように,これらの多価アルコールの中で最も吸湿性が高いものがグリセリン,次いで,DPG,ソルビトール,BG,PEG となります.興味深いことに,多価アルコールの構造中にある親水基の数と吸湿

コラム 7

企業に大きなインパクトを与えた夢多き化学者

1973 年にリン酸エステル類の研究がある研究者により開始されました.開始時点の時代背景として,洗浄剤の皮膚刺激性が問題視されていて,低刺激性で洗浄性能に優れ,起泡性などを兼ね備えた物質が望まれていました.

$$C_{12}H_{25}O-P(=O)(OH)-OH \underset{-NaOH}{\overset{NaOH}{\rightleftarrows}} C_{12}H_{25}O-P(=O)(OH)-O^-Na^+$$

C$_{12}$MAP　　　　　　　　C$_{12}$MAP 1Na
　　　　　　　　　　　　　(pH=6.8)

$$\underset{-NaOH}{\overset{NaOH}{\rightleftarrows}} C_{12}H_{25}O-P(=O)(O^-Na^+)-O^-Na^+$$

C$_{12}$MAP 2Na
(pH=11.0)

図　モノ,ジアルキルリン酸エステルと PH

性には,必ずしも正の相関があるわけではなく,単純に考えることはできません.これは多価アルコールの構造と親水基の位置によるものと考察されます.

また,図 4.5 からグリセリンが最も理想的な保湿剤と思われがちですが,グリセリンは吸湿性が非常に高いという特質を持つ一方で,高粘性でベタつくなど使用感に問題があります.使用感は,DPG は高粘性でさっぱりとした感触,BG は低粘性でさっぱりとした感触,ソルビトールはベタつき感が強いなど,多価アルコールに

当時の市場にはモノ,ジアルキル体の混合物(左図)が存在していました.しかし,その研究者はモノアルキルリン酸 Na が皮膚表面 pH に近い 6.8 であることに注目し,高純度・高品質なモノアルキルリン酸 Na を工業的に生産することを可能とし,1980 年にはペースト状洗顔フォームを完成させました.

当時の生活習慣からニキビ顔の若者が多く,皆この対処に苦慮していました.ニキビ(尋常性ざ瘡)は洗顔・清潔が最も大切で,その基本は繰り返し洗顔することです.繰り返し洗顔することでニキビ顔の著しい改善が認められ,このモノアルキルリン酸 Na 洗顔料が市場に受け入れられました.なお,昨今のスキンケア常識ではここに洗顔後の保湿が推奨されています.

市場での好評とその後の製品形態改良で,ニキビ用洗浄剤が全身洗浄剤として発売され,その企業の固形石鹸売り上げを凌駕するまでに成長しましたので「〇〇石鹸株式会社」から「石鹸」をとって「〇〇株式会社」と社名変更する大きな後押しとなり,今日まで社業が継続されています.この商品力により牽引された拡大したブランド名が広く市場に浸透し,トイレタリー製品の代表格として市場の一角を占めるまでになっています.

合成化学者の社会的視野から生み出された一物質が大きく花開いた科学者の夢の完成作品です.

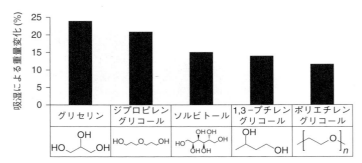

図 4.5 代表的な多価アルコールにおける吸湿性および保水性の違い
(出典:西山聖二ほか:『色材協会誌』, **66**, p. 371 (1993))

よって異なります.

一方,化粧品に多価アルコールを配合して皮膚に塗布した際の閉塞性を調べると,吸湿性および保水性が高い多価アルコールほど閉塞性が低くなることが報告されています [4]. これは,吸湿性および保水性が高い多価アルコールが化粧品に配合されることで,化粧品に含まれる水が多価アルコール中の親水基と水素結合して増加し,水が透過しやすくなるためと考えられます.

以上のことから,化粧品に配合される多価アルコールは,吸湿性,保水性,閉塞性などの目的に応じて,それぞれ異なる性質のものが使い分けられています.

4.2.2 糖類

多価アルコールと同様,吸湿性に優れているのが糖類です. 二糖類のトレハロース,多糖類のプルランなど多くの種類があります. トレハロースは 2 分子のグルコースが 1,1 結合した形をとり,他の保湿剤と比較して乾燥状態での保湿性に優れています. プルランは

分子量により非常に多くの種類が存在し，他の保湿剤と比較して安定な粘度を維持します．

4.2.3　生体高分子

ヒアルロン酸などのムコ多糖類や，コラーゲンといったタンパク質の加水分解物などは，外界の湿度変化による影響を受けにくく，大量の水を蓄える保水性を持ちます．

(1) ヒアルロン酸

$β$-1,3-グルクロン酸と$β$-1,4-グルコサミンが交互に直鎖状に結合したムコ多糖類の一種です．その保湿性は1gで6ℓの水を保持することが知られています．

(2) コラーゲン

ヒアルロン酸と同様，大量の水を蓄える保水力を持ちます．化粧品には，動物や魚類などの脊椎動物の軟骨などから直接抽出された水溶性コラーゲンや，加水分解により低分子化したものなどが用いられています．

古今東西，美の象徴としてうたわれている真珠貝（アコヤガイ）

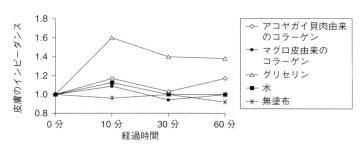

図4.6　アコヤガイ貝肉由来のコラーゲンとマグロ由来のコラーゲン，グリセリンによる保湿試験の結果

の貝肉から得られる水溶性コラーゲンが,魚(マグロ)由来のコラーゲンよりも高い保水性を示した興味深い結果があります.図4.6は,各検体を皮膚に塗布後,経過時間ごとの皮膚のインピーダンスを測定し,保湿性を比較したものです.皮膚インピーダンスの測定は,皮膚の電気抵抗の変化を非侵襲的に客観的に評価できる手法であり,各検体による皮膚への保湿性の違いを調べてみました.その結果,アコヤガイ由来のコラーゲンの方がマグロ由来のものよりも皮膚インピーダンスが高く,保湿性が高いことが示されました.アコヤガイ由来とマグロ由来のコラーゲンの保湿性の違いは,両者のコラーゲンの構造の違いに起因することを示唆しています.

4.2.4 その他の保湿剤

(1) アミノ酸

皮膚中,特に角層中に多く含まれており,NMF(天然保湿因子)の約40%を占めている低分子物質で多くの種類があります.その一種であるプロリンと,後述するピロリドンカルボン酸ナトリウムとの相互作用により優れた保湿作用を示すことが知られています.

(2) 乳酸ナトリウム

NMF中に存在し,グリセリンと同様に高い吸湿性を持つほか,温度による吸湿性の変動が少ないという,グリセリンとよく似た性質があります.

(3) 尿素

NMF中に存在していますが,尿素自身の吸湿性はそれほど高くありません.皮膚透過性の亢進などの薬理作用を利用して化粧品に配合されています.

(4) ピロリドンカルボン酸ナトリウム

角層中に保湿成分として9割以上含まれていて,NMFの重要な

成分として角層の保湿に関与していると考えられています.ピロリドンカルボン酸の形では吸湿性はありません.しかし,皮膚のpH5〜6ではピロリドンカルボン酸ナトリウムという塩の形で存在し,非常に大きな吸湿性を持つようになります.
(5) ベタイン

アミノ基がトリメチル化され,分子内に塩を形成している両性型の保湿剤です.乾燥時において優れた水分保持力があります.

4.2.5 合成と組合せによる構造保湿

ここまで既存の保湿剤について,単体として化学構造と吸湿性および保水性の関係について述べてきました.前述したように,単体で理想的な保湿剤の条件を満たすことは困難です.近年では,合成や組合せにより分子会合体を形成させ,特殊な立体構造を取らせることで角層の親和性を保ちつつ水を保持する,いわば構造保湿の技術が発展し,化粧品へと応用されています.

(1) 合成

一例として,フッ素原子の持つ高い水素結合形成能とオリゴ糖のヒドロキシル基のいくつかをフッ素原子に置換した成分があります[5].構造中の水素結合形成能により水を包含しやすくなることが期待されるほか,水素結合による形成された部分的な疎水部と皮膚との親和性に優れていることが期待されます.

また,合成によりグリセリンを例とした多価アルコールの使用感改善を図った試みもなされています[6].多価アルコールのベタつき感はヒドロキシル基と皮膚表面との接触によることが知られています.そこで,合成によりヒドロキシル基をグリセリンと相互作用を示すフッ素系ポリマーでマスキングしたところ,ベタつき感が改善されました.

(2) 組合せ

一例として，前述したヒアルロン酸およびピロリドンカルボン酸ナトリウムを用いた組合せがあります．前者は皮膚への親和性が高く，グリセリンなどの多価アルコールと併用することで保湿効果が相乗的に増加することが知られています．後者はプロリンとの相乗作用に着目し，両者を配合して NMF 類似成分となるよう設計された成分が市販されています．

細胞間脂質を模した極性脂質と酸化エチレンを付加した界面活性剤に，多価アルコールのグリセリンや油剤を配合して得られるゲルは，ラメラ構造を形成することが知られています．ラメラ構造中に水や油分を保持するため，高い保水性を持つほか，角層中へ親和性が高い特長があります．

4.3 バイオテクノロジーとコンピューター化学の化粧品原料への影響

バイオ口紅は，時代を彩る歌手の人気と相まって発売当初大きなインパクトを市場および研究者に与えました．この口紅の色素であるシコニンは，薬用植物ムラサキの根の組織培養で生産されて化粧

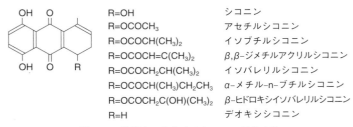

図 4.7　紫根中に存在するシコニン系化合物

品原料として最初に利用されました（図 4.7）．

　植物組織培養技術が実用化の段階に入り，多くの分野でその可能性が検討されました．ヤシ，パームヤシ植物育種にもバイオ技術が活用され品種改良なども積極的に行われました．

　幅広い植物育種の成果として，芳香を放つ植物チューベローズ（月下香，*Polianthes tuberosa*）花弁の組織培養チューベローズ多糖生産が達成されました．チューベローズ多糖は保湿作用と化粧品使用感改善効果があることが確認され，化粧品原料として多くの製品に用いられています．

　また，酵母や微生物による生産で保湿剤ソホロリピッド誘導体，ヒアルロン酸が実用化されています（図 4.8，4.9）．

　コンピューター化学の活用は，化粧品の皮膚への有用性が皮膚科

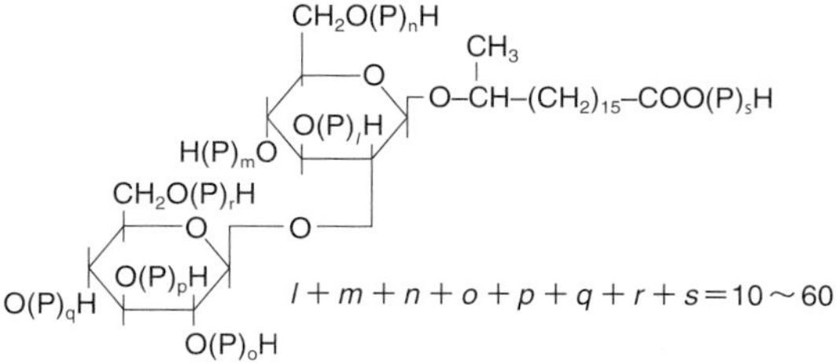

$l+m+n+o+p+q+r+s=10\sim 60$

図 4.8　ソホロリピッド誘導体

$(C_{14}H_{20}NNaO_{11})n$

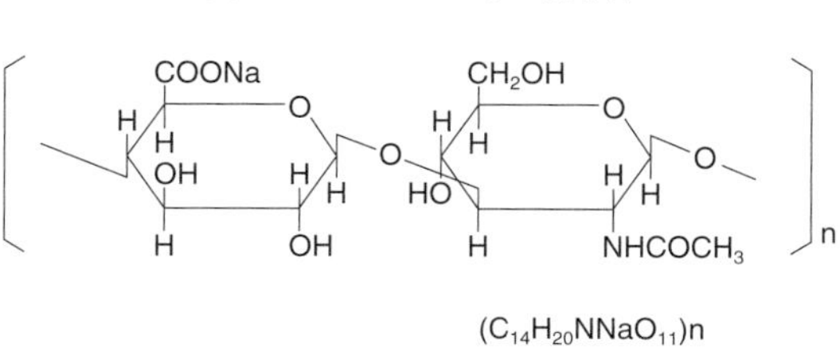

図 4.9　ヒアルロン酸ナトリウムの構造

学の発展とともに分子レベルで検討できるようになり，力を発揮するようになりました．初期の細胞膜構成分子機能の解明から始まり，表皮特有の角化過程で変貌する有棘層，顆粒層，角層への角化により生成する細胞内，細胞内壁，細胞間物質の機能を強化・代替する物質などの設計が，コンピューター化学の活用で可能となりました．細胞間脂質の合成にコンピューター化学を用いた成果がバイオミメティクス物質としての疑似セラミド・スフィンゴリピッドEです．

コンピューター化学によって，細胞間脂質を代表する天然セラミドの化学構造からスフィンゴリピッドEが導き出され，工業的生

コラム 8

製剤化技術と容器形状と感性色が新ブランドを確立した

1960年代後半の洗髪頻度は週2回程度だったため，肩にフケ目立つことがままありました．欧米ではフケ対策シャンプーが売り上げを伸ばし，日本でもフケ訴求商品はありましたが普及は十分ではありませんでした．

図　ジンクピリチオーン合成経路

（淡黄色結晶，m.p. 256℃）

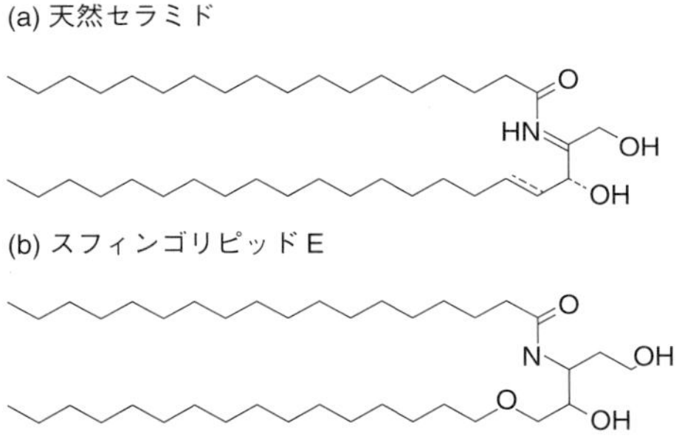

(a) 天然セラミド

(b) スフィンゴリピッド E

図 4.10　天然セラミドとスフィンゴリピッド E

　特に有効性（化粧品，医薬部外品では有用性と表現されることが多い）が目立つ欧米製品には薬効成分としてジンクピリチオーンが用いられていました．

　ジンクピリチオーンは，左図に示す経路で合成できる物質です．この物質は比重が大きくシャンプーに配合するにはひと工夫が必要な物質です．

　日本ではシャンプーに初めて利用するため，上記の経路で硫黄，亜鉛原子を標識した放射性物質を合成し，経皮吸収，皮膚表面残存量，諸毒性を評価し安全性を確認した上で商品化されました．フケに有用な皮膚に穏やかな抗フケシャンプーのイメージを，シャンプーの色，粘性，容器形態で表現しました．使用者の受け入れ性が高く，その後有用性の向上，剤型のより一層の工夫でロングセラー商品になっています．

　その後，ジンクピリチオーンのフケ・落屑に対する作用機序が解明されましたが，1970 年の発売当時とは生活習慣や入浴回数および洗髪回数は激変してしまいました．2001 年以降は，生活習慣や顧客満足度に照らし合わせて，ブランドイメージを表現しているようです．

産工程が確立されて化粧品に汎用利用できる原料となりました（図4.10）．この化合物を用いた化粧品使用形態で人工の細胞間脂質が構成されることが確認されています．

天然セラミドは細胞間脂質機能評価に用いる量的確保が困難ですが，疑似セラミドでは可能です．この評価によりアトピー皮膚炎発症の一因が細胞間脂質構成不良であることが明らかにされました．さらに，この研究成果の発展によって細胞間脂質類の多くのセラミドの機能も明らかにされました．

4.4 コスメティクス製造技術：ナノ粒子を支える高分子化学と光物理化学

4.4.1 化粧品製造の基本概念

化粧品は水，保湿剤，エモリエント剤，界面活性剤，増粘剤，防腐剤などの様々な原料からなり，使用される原料の種類や配合量の違い，溶解，可溶化，乳化，D相（界面活性剤相）乳化，転相乳化といった製法の違い，化粧水，乳液やクリームなどの剤型の違いによって，それぞれに適した製造設備が用いられます．いずれの場合も化粧品の製造は原料を混ぜ合わせることです．

化粧水の製造では，主に水溶性原料からなるため，各々の原料は緩やかな混合でも溶解します．水に溶解しない油溶性原料は可溶化といった方法で化粧水に取り込まれるため，大きな撹拌エネルギーを必要とはしません．このような場合は主に低せん断撹拌機のプロペラ撹拌機などが使用されます（図4.11）．プロペラ撹拌機ではプロペラの回転により，回転軸に沿った軸流を発生させ，上下の循環流によって混合します．

乳液やクリームでは，水と油のように本来混ざりにくいものを混

4.4 コスメティクス製造技術：ナノ粒子を支える高分子化学と光物理化学　65

図4.11　代表的なプロペラ撹拌機

図4.12　ホモミキサー

合し乳化するため，界面活性剤を使用し撹拌機の力を利用します．界面活性剤を使用すると，水と油の界面張力が下がりスムーズに乳化でき，さらに強力な撹拌を加えると，より乳化の状態が良くなります．このような場合は高せん断撹拌機のホモミキサーなどが使用されます（図4.12）．ホモミキサーはタービン翼の回転吸引により吸い上げ，ステーターとタービンの隙間を通過する際のせん断により乳化します．

さらに超強力な撹拌エネルギーを有する高圧ホモジナイザーなど

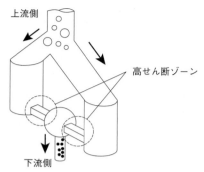

図 4.13　高圧ホモジナイザーのチャンバー内模式図
（出典：Microfluidizer 商品カタログ資料，株式会社パウレック）

を用いれば，乳液やクリームの乳化粒子を微細化することもできます（図4.13）．高圧ホモジナイザーはチャンバー内の微細な流路を超高圧で通る際のせん断と衝撃，その後のキャビテーションによって微細化します．

化粧品の製造では，製品設計にあった原料を選択し，どのような配合量が好ましいのか，また，それはどの製法でどの製造設備で製造するのが最適なのかを決めなければなりません．

4.4.2　粒子径とエネルギー

乳化とは，水と油のように互いに混じり合わない2種類の液体の一方を分散相として，もう一方の分散媒中に均一に混合した状態のことです．O/W型の場合は外相の連続相が水でそこに油が分散されていて，W/O型は外相の連続相が油でそこに水が分散された状態になっています（1.2節を参照）．

このような乳化粒子の水と油の界面には界面自由エネルギーが存在します．水と油の分散状態では界面の面積が大きいため，界面の

自由エネルギーは高いのです。一方，水と油の二相分離状態では界面の面積が最小になり，界面の自由エネルギーは減少します。このように乳化物は乳化分散状態のエネルギーが高く，油水分離状態のエネルギーが低いため熱力学的に不安定です。乳化粒子の形成にはこれらのエネルギー以上の撹拌エネルギーや熱エネルギーを加えたり，少ないエネルギーで乳化するために，界面活性剤を利用して界面自由エネルギーを低下させたりします。

また，分散されている乳化粒子の大きさは原料の種類や配合量によって異なりますが，まったく同一の組成であっても製法や製造設

図4.14　乳化物の外観

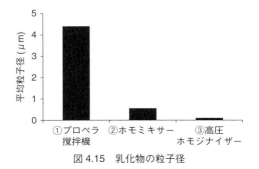

図4.15　乳化物の粒子径

68   第4章　コスメティクスに求められる機能

備が違えば乳化粒子の大きさが異なることがあります．図4.14,図4.15に製造設備の違いによる撹拌エネルギーの大小によって乳化粒子径が異なる例を示します．乳化物の調製において，プロペラ撹拌機の乳化では1μm以上の白濁の乳化物が得られる場合（①）であっても，ホモミキサーを使用した場合では1μm以下の半透明の乳化物（②）となり，さらに高圧ホモジナイザーを使用すると0.1μm以下の透明の乳化物（③）となります．

これらの乳化粒子はブラウン運動（熱運動によって引き起こされる粒子の不規則運動）をしており，小さな粒子ほど速く，大きな粒子ほど遅く動くことが知られています．つまり，粒子の大きさの違いによってブラウン運動の動きは異なり，それは各々の粒子の拡散速度（拡散係数）として計測され，その拡散係数を計測することで

コラム 9

ブルーエマルションを目指して

　化粧品製剤の基本「皮脂組成にいかに近い組成で安定な使用感の良い製品か」が求められた時代がありました．皮脂組成は右表のような組成で構成されています．皮脂を構成する脂肪酸はC10～20を主体とする飽和，不飽和脂肪酸で構成されています．半世紀も前の軟膏基剤ではこの構成に非常に近い組成を主張するものもありました．

　乳化安定性よりコレステロールエステルは大切な位置を占めます．しかし，結晶系，融点等を考慮すると使いこなしが困難な原料です．ステアリン酸コレステロールの融点65～75℃，イソステアリン酸コレステロールの融点30～45℃と低いことに着目し，合成を試みて期待通りナノ粒子エマルション製剤を得ることができました．このナノ粒子乳化製剤の外観が青みかかって見えることから，化粧品技術者からはブルーエマルションと呼ばれています．さらに予期せぬ効果としてイソステアリン酸コレステロールはO/W型乳化製剤

粒子の大きさを知ることができます.粒子径と拡散係数はアインシュタイン・ストークスの式で表されます(式 (4.1)).

$$d_\mathrm{P} = \frac{kT}{3\pi\eta D_\mathrm{B}} \tag{4.1}$$

ここで,d_P:粒子径,k:ボルツマン定数,T:絶対温度,η:粘度,D_B:ブラウン拡散係数です.

なお,乳化粒子はエネルギーの状態が高く熱力学的に不安定であることから,凝集,クリーミング,合一を経て,最終的には油水の2層に分離してしまいます.このような乳化粒子の安定化としては,ストークスの式から粒子径を小さくすること,内相と外相の比重差をなくすこと,外相の粘度を高めることが有効です.ストークスの

の乳化安定剤として幅広い利用が可能である上に,高水相含有範囲で安定な乳化物が得られ,新たな用途まで生み出すことができました.

製品科学では,このような予期せぬ好結果が生まれることがよくあります.

表　部位別脂質組成

組　　成	脂腺脂質	表皮脂質	皮表脂質
スクワレン	12 (%)	< 0.5 (%)	10 (%)
コレステロールエステル	< 1	10	2.5
コレステロール	0	20	1.5
ワックス	23	0	22
トリグリセライド	60	10	25
ジ・モノグリセライド	0	10	10
脂肪酸	0	10	25
糖とリン脂質	0	30	0
不　明	5	10	4

式は次式で表されます(式 (4.2)).

$$V = \frac{2r^2(\rho_0 - \rho)g}{9\eta} \tag{4.2}$$

ここで,V:速度,r:粒子半径,g:重力加速度,ρ_0:連続相の密度,ρ:分散媒の密度,η:連続相の粘度です.

4.4.3 ナノ粒子の形成とナノ粒子の維持

乳化粒子のナノ化には,機械的手法と界面化学的手法があります.機械的手法としては例えば高圧ホモジナイザーがあります.この方法では原料選択の自由度は高いものの,製造設備自体が特殊になり,また製造工程が複雑となる場合があります.

一方で界面化学的手法としては,例えば D 相(界面活性剤相)乳化が挙げられます.D 相中に分散相の油を分散保持させて O/D 型エマルションを生成させ,これを水で希釈して水中油 (O/W) 型エマルションを得る方法です.この方法では油や界面活性剤の種類や配合量に制約を受けますが,一般的な製造設備を用いて製造できます.

乳化粒子は熱力学的に不安定な系なので最終的には合一します.乳化粒子の安定化は種々の検討がされてきていますが,宇治らは水溶性高分子の水素添加大豆リン脂質の乳化粒子とリポソームに及ぼす影響を報告しました [7].流動パラフィンを用いて調製したエマルションにアクリル酸・メタクリル酸アルキル共重合体または,カルボキシビニルポリマーを添加すると 7 日後の平均粒子径はほとんど変化しませんが,ヒドロキシエチルセルロース,キサンタンガム,ヒアルロン酸ナトリウムでは 7 日後で粒子径の増大や分離が見られました.

アクリル酸・メタクリル酸アルキル共重合体と，カルボキシビニルポリマーについての詳細な検討では，アクリル酸・メタクリル酸アルキル共重合体はカルボキシビニルポリマーよりも少ない添加量でレシチンエマルションを安定化させることが示されています．なお，リポソームにこれらの高分子を添加すると，アクリル酸・メタクリル酸アルキル共重合体のみがブランクの粒子径の増加よりも低く抑えられ，リポソームの安定化に寄与していることが示されています [7]．

これらの高分子によるナノ粒子の維持は，海島構造の海の部分にあたる水溶性分の増粘によるものです．しかし，高分子の種類によってその効果は異なります．個々の高分子の構造や溶液中での立体構造の違いによって，クリーミングの抑制や立体障害作用に及ぼす影響が異なることが示唆されています．

4.5 皮膚角化機能制御を夢見た化粧品開発

肌の悩みには，乾燥，シワ，シミ，たるみ†，くすみ，肌あれがあります．スキンケア化粧品は，皮膚を保護しその機能を正常に保つ目的で使用されます．化粧品製剤は様々な水溶性成分・油溶性成分，有用性成分等から構成され，溶解・可溶化・分散・乳化の技術と原料の組合せ配合による処方技術により保湿・美白・抗シワなどの機能性と心地よい使用感を創造しています．

追求する理想の肌は，「ハリ」と「透明感」のある美しい肌です．

---

† たるみは，加齢に伴って皮膚のはりが失われる結果，目や口の周囲や頬下等，顔面以外では腹部などに生じます．具体的には，頬の肉が頬骨の下の方にたまる，目尻が下がる，上まぶたや目の下などが膨らんだ状態などを呈することを指します [8]．

皮膚にうるおいがある，キメが整っている，角層細胞が乱れていない，メラニンが過剰に産生されていない，弾力のある，血色の良い肌状態である等，スキンケア化粧品により皮膚の角化機能を制御することで，理想の健常な肌に導くことが可能なのです．

皮膚へのアプローチポイントとして，角層のうるおい機能保持，角化サポート（ターンオーバーサポート），恒常性維持が挙げられます．うるおい機能を保持させるには，皮膚表面の皮脂膜形成と角層細胞の間隙を細胞間脂質がしっかり埋めることによって，皮膚のバリア機能が保たれ，水分の蒸散を抑制し，また角層細胞中の水分が維持されるのです．角化サポートは正常な角層が形成できるように角化を円滑にし，細胞膜周辺帯の形成を補助すること，皮膚自体の防御機能を向上させることです．

皮膚の健常な恒常性は，血行促進，栄養補給によって維持されます．スキンケアでは，洗浄・整肌・保護といった基本ケアステップを実施することによって理想の美しい肌に近づけることが期待できます．

4.5.1 剤型選択

整肌（肌の調子を整えること）には，表皮に水分と保湿剤を補給し皮膚を柔軟にする化粧水が用いられます．保護にはクリーム・乳液が用いられます．クリームは水分・エモリエント剤（皮膚からの水分蒸散を抑えてうるおいを保ち，皮膚を柔らかくする油分）・保湿剤を主成分とし，水分にエモリエント剤を乳化したO/W型エマルション，もしくはエモリエント剤に水分を乳化したW/O型エマルションがあり，半固形状に仕上げた剤型です．その他のクリームに比べて流動性のある乳液や水溶性高分子のゲル化特性を利用したジェル製剤などもあります．

4.5.2 整肌を担う化粧水と保護を担う保湿クリームの処方設計

　肌のうるおい機能は，エモリエント剤や水溶性高分子などで皮膚表面に保護膜層を形成させ水分を保持します．また細胞間脂質を補給して肌のバリア機能を高め，水分の蒸散を抑制します．NMF（天然保湿因子）成分や保湿剤を補給し，角層に水分を留めさせます．美容成分（薬剤）により皮膚細胞を活性化させNMFや細胞間脂質の産生を促します．

(1) 原料選択

　柔軟化粧水や保湿クリームの処方には，保湿剤，エモリエント剤，美容成分（薬剤），乳化剤，増粘剤，pH調整剤，酸化防止剤，

表4.1　化粧品に用いる主な原料

目　　的	主な原料
保湿剤	グリセリン，1,3ブチレングリコール，コラーゲン，アミノ酸等
エモリエント剤（油分）	スクワラン，植物油，合成エステル，ステアリルアルコール，脂肪酸，シリコーン等
乳化剤 可溶化剤	ポリオキシエチレンソルビタン脂肪酸エステル，ポリグリセリン脂肪酸エステル，ポリオキシエチレン硬化ヒマシ油，モノステアリン酸グリセリル，水添レシチン等
増粘剤	カルボキシビニルポリマー，キサンタンガム，ヒドロキシエチルセルロース等
美容成分（薬剤）	天然由来ミネラル，ペプチド，植物抽出エキス，ビタミンC誘導体，グリチルリチン酸塩等
pH調整剤	クエン酸，クエン酸ナトリウム，水酸化カリウム等
酸化防止剤	ビタミンE，ジブチルヒドロキシトルエン等
防腐剤	パラベン類，フェノキシエタノール等
基剤	精製水

防腐剤，基剤などから目的に応じ原料を選択します（表 4.1）．

(2) 製剤技術

保湿クリームではラメラ構造などの会合体を形成させることで角層の水分保持機能を向上させる技術があります．また美容成分の角層中への移行を考慮する場合，エモリエント粒子の大きさを制御することや使用する乳化剤の選択により皮膚への浸透性を高めるよう製剤を調製します．

(3) 製品の使用感設計

スキンケア化粧品は毎日継続して使用するため，年代，肌質（乾燥肌・普通肌・脂性肌・脂性乾燥肌），使用する季節に合わせ心地よく使用できることが大切です．製品の使用感は，使用着手，使用中・使用後の肌実感を「伸び」「肌へのなじみ」「しっとり感」などの官能評価ワードで度合いを設定します．設計品質を満たすよう原料の配合バランスや調製方法を工夫して狙いの使用感となるよう処方を作製していきます．

4.5.3　柔軟化粧水・保湿クリームの処方例と皮膚への効果

柔軟化粧水と保湿クリームの処方例を表 4.2 と表 4.3 に示します．

ターンオーバーを円滑に整えるアコヤガイ由来のミネラル，保湿効果にアコヤガイ由来のコラーゲン，アミノ酸，ペプチドを配合した保湿クリームを調製し，シワに対する効果を検討する目的で化粧品機能評価法ガイドラインに基づき試験を実施しました．目尻に小ジワのある成人女性に本試験品を 1 日 2 回，朝夜の洗顔後（入浴後）に 4 週間使用してもらい，目尻のシワグレード，レプリカによる画像解析パラメータ（シワ面積率，総シワ平均深度，最大シワ平均深度，最大シワ最大深度）を測定しました．

その結果，目尻の小シワが目立たなくなることが確認されました

4.5 皮膚角化機能制御を夢見た化粧品開発

表4.2 処方例：柔軟化粧水

目　的	原　料	W/W（%）
保湿剤	グリセリン	3.0
保湿剤	1,3 ブチレングリコール	7.0
保湿剤	ヒアルロン酸ナトリウム	0.05
保湿剤	トリメチルグリシン	0.5
pH調整剤	クエン酸	適量
pH調整剤	クエン酸ナトリウム	適量
基剤（成分溶解）	精製水	残量
成分溶解・清涼	エタノール	5.0
防腐剤	メチルパラベン	0.2
可溶化剤	ポリオキシエチレン硬化ヒマシ油	0.1
エモリエント剤	合成エステル	0.01
美容成分	植物抽出エキス	適量

表4.3 処方例：保湿クリーム（O/W型エマルション）

目　的	原　料	W/W（%）
保湿剤	グリセリン	5.0
保湿剤	1,3 ブチレングリコール	8.0
保湿剤	ヒアルロン酸ナトリウム	0.05
乳化剤	モノステアリン酸ポリグリセリル	1.5
増粘剤	カルボキシビニルポリマー	0.1
基剤（成分溶解）	精製水	残量
エモリエント剤	スクワラン	10.0
エモリエント剤	マカデミアナッツ油（植物油）	5.0
エモリエント剤	ステロールエステル	2.0
エモリエント剤	ステアリルアルコール	3.0
エモリエント剤	ジメチルポリシロキサン（シリコーン油）	0.3
乳化剤	モノステアリン酸グリセリル	1.5
乳化剤	水添レシチン	0.5
酸化防止剤	天然ビタミンE	0.05
pH調整剤	水酸化カリウム	適量
美容成分	植物抽出エキス	適量
賦香	香料	適量

(口絵6).このように皮膚角化機能を調える保湿クリームを用いたスキンケアによって,肌悩みを軽減することが可能となりました.

4.6 剤型制御で夢の発色

色とは電磁波の中で,肉眼で感じられる波長領域の可視光線で,380〜780 nm の波長です.物体に光を当てると,光は
① 物体表面から反射される部分
② 物体の中に入って内部反射され外に出る部分
③ 物体に吸収される部分
④ 物体を透過する部分

に分かれます.着色した物体に白色光が当たると,その色を表す波長の光が反射され,他の部分が吸収されます.

自然界には光の波長程度の規則的な微細構造を持つことにより,光の反射・吸収によらず発色する現象が知られています.例えば,真珠,モルフォ蝶,虹などの持つ鮮やかな色彩は,構造色と呼ばれる発色の仕組みをもっています.色素による吸収の色ではなく,光の波長程度の微細な構造が,干渉や散乱などを起こして発色しています(4.1 節を参照).

化粧品は,通常は色素や着色顔料によって着色されています.以下では,構造色で発色させる化粧品の試みについて紹介します.

4.6.1 真珠光沢顔料

真珠光沢顔料は薄片状の粒子が規則的に平行に配列して光を反射し,反射光が干渉を起こして真珠光沢を付与します.雲母チタンの場合は,雲母と酸化チタンの界面でも光が反射されて干渉を起こし,酸化チタン層の厚みに応じて干渉する光の波長を変化させてい

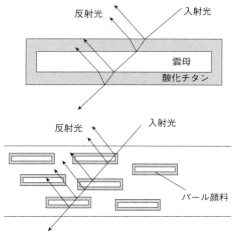

図 4.16 真珠光沢顔料の光沢発現機構

ろいろな干渉色が得られます（図 4.16）．酸化チタンの代わりに酸化鉄で被覆したり，また酸化チタンの被覆層の上にさらに透明な顔料を被覆することによって異なった色の顔料を得ることもできます．真珠光沢顔料はメイクアップ製品のほか，容器の加飾にも用いられています．

4.6.2 コレステリック液晶

　コレステリック液晶はサーモトロピック液晶の一種で，温度変化により液晶状態に変化します．コレステリック液晶は棒状の分子が何層にも重なる層状構造をもっています．層内ではそれぞれの分子が一定方向に配列し，互いの層は分子の配列方向が螺旋状になるように積層しています（図 4.17）．

　化粧品では主にコレステロール脂肪酸エステルが用いられ，その

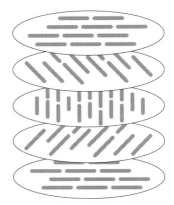

図 4.17 コレステリック液晶の分子配列モデル

エステル基の鎖長により液晶を示す温度範囲，発色範囲が異なります．コレステリック液晶が鮮やかな色彩を示すのは，分子長軸を層に平行に，かつ方向を揃え，またこれらの層が少しずつ隣接層とは異なった螺旋構造を形成しているためです．光を液晶膜に照射して，螺旋のピッチが光の波長と一致したときに，強い選択反射を生じ，赤〜紫の目に見える色が現れます．

透明なジェルの中に分散したコレステリック液晶が，構造色によって発色した特徴ある化粧品が発売されています（口絵 7）．

4.6.3 リオトロピック液晶

界面活性剤は分子内に共存する疎水部と親水部のバランスにより，水溶液中で濃度・温度などに依存して，ミセルをはじめ液晶相など様々な形態の会合構造を形成することが知られています．リオトロピック液晶は界面活性剤と水の混合系でみられる液晶です．これまでにアルケニルコハク酸などの界面活性剤では，1〜2% の狭

い濃度領域で発色する溶液が得られることが報告されています（口絵8）[11].

水溶液が発色するということは，溶液中に可視光の波長に相当するサイズの会合構造が形成されていることを示唆しています．界面活性剤が形成する二分子層の間に多くの水が取り込まれることで，層間が数百nmまで膨潤されると考えられています．リオトロピック液晶が形成するラメラ構造などを利用した，新たな発色化粧水が研究されています．

自然界に倣った微細構造を利用した発色機構は，特徴的な外観を付与するだけでなく，着色料を使わないため安全性が高く，褪色しない特徴を持つため，化粧品に新たな付加価値を賦与する技術となることが期待されています．上記以外にもフォトニクス結晶など構造色を利用した新たな機構で夢の発色を目指した化粧品の開発が続けられています．

参考文献

[1] 小松原仁：『照明学会誌』，**78**（7），p. 330（1994）
[2] 上原静香：*J. Illum. Engng. Inst.*, **86**（3）p. 197（2002）
[3] 西山聖二ほか：『色材協会誌』，**66**，p. 371（1993）
[4] 西山聖二ほか：『日本化粧品技術者会誌』，**17**，p. 136（1983）
[5] 森島直彦：コスメトロジー研究報告，**9**，p. 26（2001）
[6] 工藤大樹ほか：*J. Soc. Cosmet. Chem. Jpn.*, **40**, p. 195（2006）
[7] 宇治謹吾ほか：*J. Soc. Cosmet. Chem. Jpn.*, **27**, 3. pp. 206-215（1993）
[8] 日本化粧品技術者会編集企画：『化粧品の有用性』薬事日報社（2001）
[9] 光井武夫：『新化粧品学』南山堂（2001）
[10] 上田清資：*Fragrance Journal*, **18**, p. 111（1990）
[11] 佐藤直紀・辻井薫：『油化学』，**41**，pp. 107-116（1992）

おわりに

　本書を脱稿するまでの経緯で締めくくります．編集委員の佐々木政子東海大学名誉教授より化粧品製造販売企業の研究所を見ていただいた帰路，車中で化学の要点シリーズの構想をお聞きし，執筆をお誘いいただきました．化粧品産業の研究・企画・営業部門などで活躍する化学系学卒者は大勢います．しかし，在学中に化粧品産業の姿を想像することはあまり容易ではないと感じ，荷の重い執筆でしたが検討に入りました．

　化粧品に関する専門書籍はこれまで数多く出版されています．しかし，ほとんどが業界の研究者向けなので化学を専攻する学生達が手に取っても産業の姿を理解するには距離を感じるのでは，との思いで書籍の内容を企画しました．佐々木政子先生，共立出版編集部のご助言を参考にして方向性を決定しました．

　コスメティクス産業技術の幅広さから，化粧品産業界で研究開発を実行している前山薫氏と筆者（岡本）による取りまとめとし，執筆には蝦名宏大，辻延秀，高林政樹，服部文弘，中野章典，梶浦孝友，大森文人，土屋早，服部道廣の各氏に加わっていただき，それぞれの専門領域をご執筆いただきました．また，順天堂大学国際教養学部教授のニヨンサバ・フランソワ氏には皮膚科専門領域のご助言を，東海大学工学部光・画像工学科教授の室谷裕志氏には光学専門領域のご助言をいただきました．ご協力に深謝いたします．

　各章の内容は，詳細な科学・技術研究書の水準まで記載すると大変な原稿分量となりますので要点のみの記載となっています．各章担当執筆者の専門分野によって絞り込まれています．化粧品産業の実際をさらに広く知りたいと希望される読者諸氏は，文献などを参考にして深く掘り下げてください．

岡本暉公彦・前山　薫

索　引

【欧文・略号】

DLVO 理論……………………………………9
D 相……………………………………………70
NMF………………………………13, 39, 58
O/W 型…………………………………7, 10, 66
PEG……………………………………………10
pH 緩衝機能…………………………………29
W/O 型…………………………………7, 10, 66
α-メラノサイト刺激ホルモン……………27
β グルコシセレブロシダーゼ……………32

【ア行】

アインシュタイン・ストークスの式…69
アクアポリン………………………………42
アコヤガイ…………………………………42
アコヤ真珠…………………………………50
アミノ酸……………………………………58
医薬品医療機器等法………………………14
インターカレーション……………………10
ウロカニン酸………………………………33
エマルション…………………………………7
エモリエント…………………………………6
エモリエント剤……………………………72
エラスチン…………………………………23
応力……………………………………………3

【カ行】

カードハウス構造…………………………10
会合構造……………………………………10
外套膜………………………………………42
界面活性剤…………………………9, 36, 65
界面活性剤相………………………………70
界面自由エネルギー………………………66
角化……………………………………17, 22
角層……………………………………17, 22
角層細胞……………………………………21
可視光線………………………………45, 46, 76
カチオン界面活性剤………………………10
可溶化………………………………………6, 64
顆粒細胞……………………………………21
顆粒層………………………………………22
カロチン……………………………………49
基底細胞……………………………………21
基底層………………………………………23
吸湿性………………………………………53
金属塩………………………………………38
くすみ………………………………………71
クリーム………………………………………1
グリセリン…………………………………55
クロチョウ真珠……………………………50
化粧水………………………………………72
ケラチノサイト……………………………21
ケラトヒアリン……………………………22
ゲル……………………………………………1
ゲルネットワーク……………………………9
高圧ホモジナイザー……………………65, 68
抗菌タンパク質…………………………40, 44
恒常性維持機能……………………………11
構造色…………………………………51, 76
コーニファイドエンベロープ……………44
コスメティクス………………………………1
コラーゲン………………………………23, 43, 57
コレステリック液晶………………………77

コロイド分散	2
コンキオリン	39
コンピューター化学	61

【サ行】

サーモトロピック液晶	77
細胞外マトリックス	23
酸外套	29, 30
サンケア化粧品	18
酸性スフィンゴミエリナーゼ	32
三相構造	9
紫外線	47
紫外線吸収剤	18
紫外線散乱剤	18
湿疹	31
至適 pH	32
シミ	71
柔軟化粧水	73
条線模様	51
シリコーンオイル誘導体	37
シロチョウ真珠	50
シワ	71, 74
ジンクピリチオーン	63
真珠	42, 45
真珠光沢顔料	76
真皮	23
水溶性原料	64
スキンケア化粧品	71
スクワラン	37
スクワレン	37
ストークスの式	69
スフィンゴリピッド E	62
スペクトル	46
静的測定	3
生理活性作用	1
赤外線	47

石鹸	35
セリンプロテアーゼ	32
洗浄化粧品	13
相溶性	9
ソホロリピッド誘導体	61
損失正接	3
損失弾性率	3

【タ行】

ターンオーバー	22
タイトジャンクション	41, 44
多価アルコール	53
たるみ	71
弾性体	2
弾性率	3
チキソトロピー	5
チューベローズ	61
貯蔵弾性率	3
天然セラミド	62
天然保湿因子	13
動的測定	3
糖類	56

【ナ行】

ナノ化	70
乳液	1
乳化	6, 66
乳化物	67
乳酸ナトリウム	58
乳頭層	23
尿素	58
粘性体	2
粘性率	3
粘弾性	2
能動汗腺	17

【ハ行】

バイオ口紅 ……………………………… 60
肌あれ …………………………………… 71
バリア機能 …………………… 29, 32, 40
ヒアルロン酸 ……………………… 57, 61
光の波長 ………………………………… 46
皮脂 ……………………………………… 68
ひずみ …………………………………… 3
皮膚常在菌 ……………………………… 31
皮膚のpH …………………………… 29, 30
表皮 ……………………………………… 22
ピロリドンカルボン酸ナトリウム …… 58
フィラグリン …………………………… 41
フェオメラニン ………………………… 28
フォトニクス結晶 ……………………… 79
不感蒸散 ………………………………… 17
物性 ……………………………………… 1
ブラウン運動 …………………………… 68
ブルーエマルション …………………… 68
プロペラ撹拌機 ………………………… 64
分散 ……………………………………… 6, 8
ベタイン ………………………………… 59
ヘモグロビン …………………………… 49
保湿クリーム …………………………… 74
保水性 …………………………………… 53
ホメオスタシス ………………………… 11
ホモミキサー ……………………… 65, 68
ポリエチレングリコール ……………… 10

【マ行】

ミセル …………………………………… 6, 9
ムコ多糖類 ……………………………… 57
メラニン …………………………… 26, 49
メラノサイト ……………………… 23, 27
メラノソーム …………………………… 27
モイスチャーバランス ………………… 16
網状層 …………………………………… 23
モンモリロナイト ……………………… 9

【ヤ行】

有棘細胞 ………………………………… 21
有棘層 …………………………………… 23
ユーメラニン …………………………… 28
油溶性原料 ……………………………… 64

【ラ行】

ラメラ構造 ………………………… 13, 79
リオトロピック液晶 …………………… 78
リン脂質 ………………………………… 38
レオロジー ……………………………… 2, 5
レシチン ………………………………… 38
ローション ……………………………… 1

〔編著者紹介〕

岡本暉公彦(おかもと　きくひこ)
1966年　東京理科大学大学院 理学研究科 修士課程修了
現　在　順天堂大学 特任教授(医学博士)
専　門　香粧品科学,知的財産戦略,研究開発戦略

前山　薫(まえやま　かおる)
2002年　三重大学大学院 工学研究科 博士後期課程修了
現　在　御木本製薬株式会社 取締役(工学博士)
専　門　香粧品科学,高分子化学

化学の要点シリーズ　32　*Essentials in Chemistry 32*
コスメティクスの化学
Cosmetic Chemistry

2019年8月31日　初版1刷発行

編著者　岡本暉公彦・前山　薫
編　集　日本化学会　ⓒ2019
発行者　南條光章
発行所　**共立出版株式会社**
　　　　［URL］www.kyoritsu-pub.co.jp
　　　　〒112-0006 東京都文京区小日向4-6-19　電話 03-3947-2511（代表）
　　　　振替口座　00110-2-57035
印　刷　藤原印刷
製　本　協栄製本

printed in Japan

検印廃止
NDC　576.7
ISBN 978-4-320-04473-9

一般社団法人
自然科学書協会
会員

JCOPY ＜出版者著作権管理機構委託出版物＞
本書の無断複製は著作権法上での例外を除き禁じられています.複製される場合は,そのつど事前に,出版者著作権管理機構（TEL：03-5244-5088,FAX：03-5244-5089,e-mail：info@jcopy.or.jp）の許諾を得てください.

化学の要点シリーズ

日本化学会 編
全50巻刊行予定

❶ 酸化還元反応
佐藤一彦・北村雅人著⋯⋯⋯本体1700円

❷ メタセシス反応
森 美和子著⋯⋯⋯⋯⋯⋯本体1500円

❸ グリーンケミストリー 社会と化学の良い関係のために
御園生 誠著⋯⋯⋯⋯⋯⋯本体1700円

❹ レーザーと化学
中島信昭・八ッ橋知幸著⋯⋯本体1500円

❺ 電子移動
伊藤 攻著⋯⋯⋯⋯⋯⋯本体1500円

❻ 有機金属化学
垣内史敏著⋯⋯⋯⋯⋯⋯本体1700円

❼ ナノ粒子
春田正毅著⋯⋯⋯⋯⋯⋯本体1500円

❽ 有機系光記録材料の化学 色素化学と光ディスク
前田修一著⋯⋯⋯⋯⋯⋯本体1500円

❾ 電 池
金村聖志著⋯⋯⋯⋯⋯⋯本体1500円

❿ 有機機器分析 構造解析の達人を目指して
村田道雄著⋯⋯⋯⋯⋯⋯本体1500円

⓫ 層状化合物
高木克彦・高木慎介著⋯⋯⋯本体1500円

⓬ 固体表面の濡れ性 超親水性から超撥水性まで
中島 章著⋯⋯⋯⋯⋯⋯本体1700円

⓭ 化学にとっての遺伝子操作
永島賢治・嶋田敬三著⋯⋯⋯本体1700円

⓮ ダイヤモンド電極
栄長泰明著⋯⋯⋯⋯⋯⋯本体1700円

⓯ 無機化合物の構造を決める
X線回折の原理を理解する
井本英夫著⋯⋯⋯⋯⋯⋯本体1900円

⓰ 金属界面の基礎と計測
魚崎浩平・近藤敏啓著⋯⋯⋯本体1900円

⓱ フラーレンの化学
赤阪 健・山田道夫・前田 優・永瀬 茂著
⋯⋯⋯⋯⋯⋯⋯⋯⋯⋯本体1900円

⓲ 基礎から学ぶケミカルバイオロジー
上村大輔・袖岡幹子・阿部孝宏・闐闐孝介
中村和彦・宮本憲二著⋯⋯⋯本体1700円

⓳ 液 晶 基礎から最新の科学とディスプレイテクノロジーまで
竹添秀男・宮地弘一著⋯⋯⋯本体1700円

⓴ 電子スピン共鳴分光法
大庭裕範・山内清語著⋯⋯⋯本体1900円

㉑ エネルギー変換型光触媒
久富隆史・久保田 純・堂免一成著
⋯⋯⋯⋯⋯⋯⋯⋯⋯⋯本体1700円

㉒ 固体触媒
内藤周弌著⋯⋯⋯⋯⋯⋯本体1900円

㉓ 超分子化学
木原伸浩著⋯⋯⋯⋯⋯⋯本体1900円

㉔ フッ素化合物の分解と環境化学
堀 久男著⋯⋯⋯⋯⋯⋯本体1900円

㉕ 生化学の論理 物理化学の視点
八木達彦・遠藤斗志也・神田大輔著⋯本体1900円

㉖ 天然有機分子の構築 全合成の魅力
中川昌子・有澤光弘著⋯⋯⋯本体1900円

㉗ アルケンの合成 どのように立体制御するか
安藤香織著⋯⋯⋯⋯⋯⋯本体1900円

㉘ 半導体ナノシートの光機能
伊田進太郎著⋯⋯⋯⋯⋯本体1900円

㉙ プラズモンの化学
上野貢生・三澤弘明著⋯⋯⋯本体1900円

㉚ フォトクロミズム
阿部二朗・武藤克也・小林洋一著
⋯⋯⋯⋯⋯⋯⋯⋯⋯⋯本体2100円

㉛ X線分光 放射光の基礎から時間分解計測まで
福本恵紀・野澤俊介・足立伸一著
⋯⋯⋯⋯⋯⋯⋯⋯⋯⋯本体1900円

㉜ コスメティクスの化学
岡本暉公彦・前山 薫編著⋯⋯本体1900円

== 以下続刊 ==

【各巻：B6判・並製・94〜260頁】 共立出版

※税別本体価格※
(価格は変更される場合がございます)